无公害农产品生产技术

◎ 王盛荣　杨　靖　王维彪　主编

中国农业科学技术出版社

图书在版编目（CIP）数据

无公害农产品生产技术 / 王盛荣，杨靖，王维彪主编 .—北京：中国农业科学技术出版社，2015.6

（新型职业农民培育工程规划教材）

ISBN 978－7－5116－2145－0

Ⅰ.①无… Ⅱ.①王…②杨…③王… Ⅲ.①农产品－无污染技术－教材 Ⅳ.①S3

中国版本图书馆 CIP 数据核字（2015）第 134764 号

责任编辑　徐　毅
责任校对　马广洋

出 版 者　中国农业科学技术出版社
　　　　　北京市中关村南大街 12 号　邮编：100081
电　　话　(010)82106631(编辑室)　(010)82109702(发行部)
　　　　　(010)82109709(读者服务部)
传　　真　(010)82106631
网　　址　http://www.castp.cn
经 销 者　各地新华书店
印 刷 者　北京昌联印刷有限公司
开　　本　850mm ×1168mm　1/32
印　　张　7.875
字　　数　180 千字
版　　次　2015 年 6 月第 1 版　2015 年 6 月第 1 次印刷
定　　价　26.00 元

新型职业农民培育工程规划教材

《无公害农产品生产技术》

编　委　会

主　任　张　锴

副主任　郭振升　李勇超　彭晓明

主　编　王盛荣　杨　清　王维彪

副主编　王玉良　吕中伟　许毅戈
　　　　陈海含

编　者　赵玉兰　王爱萍　李有宏
　　　　王长浩　田庆武　赵　丹
　　　　从风标

序

随着城镇化的迅速发展，农户兼业化、村庄空心化、人口老龄化趋势日益明显，“关键农时缺人手、现代农业缺人才、农业生产缺人力”问题非常突出。因此，只有加快培育一大批爱农、懂农、务农的新型职业农民，才能从根本上保证农业后继有人，从而为推动农业稳步发展、实现农民持续增收打下坚实的基础。大力培育新型职业农民具有重要的现实意义，不仅能确保国家粮食安全和重要农产品有效供给，确保中国人的饭碗要牢牢端在自己手里，同时有利于通过发展专业大户、家庭农场、农民合作社组织，努力构建新型农业经营体系，确保农业发展“后继有人”，推进现代农业可持续发展。培养一批具有较强市场意识，有文化、懂技术、会经营、能创业的新型职业农民，现代农业发展将呈现另一番天地。

中央站在推进“四化同步”，深化农村改革，进一步解放和发展农村生产力的全局高度，提出大力培育新型职业农民，是加快和推动我国农村发展，农业增效，农民增收重大战略决策。2014 年农业部、财政部启动新型职业农民培育工程，主动适应经济发展新常态，按照稳粮增收转方式、提质增效调结构的总要求，坚持立足产业、政府主导、多方参与、注重实效的原则，强化项目实施管理，创新培育模式、提升培育质量，加快建立“三位一体、三类协同、三级贯通”的新型职业农民培育制度体系。这充分调动了广大农民求知求学的积极性，一批新型职业农民脱颖而出，成为当地农业发展，农民致富的领头人、主力军，这标志着我国新型职业农民培育工作得以有序发展。

我们组织编写的这套《新型职业农民培育工程规划教材》丛书，其作者均是活跃在农业生产一线的技术骨干、农业科研院所的专家和农业大专院校的教师，真心期待这套丛书中的科学管理方法和先进实用技术得到最大范围的推广和应用，为新型职业农民的素质提升起到积极地促进作用。

高地钫

2015 年 5 月

前　言

为解决我国农产品基本质量安全问题，经国务院批准，农业部于2001年4月启动“无公害食品行动计划”，并于2003年4月组织开展了全国统一标志的无公害农产品认证。实施无公害农产品认证，是我国强化农产品质量安全管理的标志性工作，对于促进农户、企业和其他组织提高生产与管理水平，从源头上确保农产品质量安全，保障消费安全，建设和谐社会意义十分重大。

2005年，农业部发布《关于发展无公害农产品、绿色食品、有机农产品的意见》，确立了无公害农产品、绿色食品、有机农产品“三位一体，整体推进”的发展思路。2006年，我国第一部农产品质量安全管理专门法律《中华人民共和国农产品质量安全法》颁布，从我国农业生产的实际出发，以全过程质量安全控制为理念，明确了农产品质量安全标准的强制实施制度、农产品产地安全管理制度、农产品包装和标志管理制度、农产品质量安全监督检查制度、风险评估制度、信息发布制度和责任追究制度，标志着我国农产品质量安全工作进入依法监管的新阶段，成为我国农产品质量安全发展史上的重要里程碑。

本书对无公害农产品的起源、现状、认证及标志、种植规范进行了阐述，对农产品质量安全及相关概念进行了介绍。由于编写时间仓促，水平有限，对书中的错误和纰漏，敬请广大读者批评指正。

编者

2015年5月

目　　录

第一章　概述

第一节　无公害农产品定义及内涵

一、无公害农产品定义

无公害农产品属于农产品范畴，是农产品家族中的一部分。根据农业部、国家质量监督检验检疫总局第十二号部长令发布的《无公害农产品管理办法》第二条规定，无公害农产品是指产地环境、生产过程、产品质量符合国家有关标准和规范的要求，经认证合格获得认证证书并允许使用无公害农产品标志的未经加工或初加工的食用农产品。也就是使用安全的投入品，按照规定的技术规范生产，产地环境、产品质量符合国家强制性标准并使用特有标志的安全农产品，包括种植业、畜牧业和渔业产品。

无公害农产品的管理是一种质量认证性质的管理，质量认证合格的表示方式为颁发“认证证书”和使用“认证标志”。农业部农产品质量安全中心是唯一实施无公害农产品质量认证管理的单位，无公害农产品的“认证证书”由农业部农产品质量安全中心制作颁发。农产品只有经农业部农产品质量安全中心认证合格，获得颁发认证证书，并允许在产品及产品包装上使用全国统一的无公害农产品标志的食用农产品，才能称之为无公害农产品。

无公害农产品实行认证目录制度，只有在认证目录范围内的产品才受理认证，不在认证目录范围内的产品不予受理。列入认证范围的农产品名单由农业部和国家认证认可监督管理委员会通过发布《实施无公害农产品认证的产品目录》的形式确定。无公害农产品全部为食用农产品，非食用农产品如棉花等不在无公害农产品的认证范围。

广义的无公害农产品包括有机农产品、自然食品、生态食品、绿色食品、无污染食品等。这类产品生产过程中允许限量、限品种、限时间地使用人工合成的安全的化学农药、兽药、肥料、饲料添加剂等，它符合国家食品卫生标准，但比绿色食品标准要宽。无公害农产品是保证人们对食品质量安全最基本的需要，是最基本的市场准入条件，普通食品都应达到这一要求。

无公害农产品的质量要求低于绿色食品和有机食品。

二、无公害农产品内涵

无公害农产品具有丰富的内涵，突出体现在3个方面：

1. 全程质量控制的管理理念

无公害农产品通过认证来实现对质量安全的管理，认证的过程不是对生产的某个环节或某个技术或某个方面的认可，而是对农产品生产整个过程的合格评定，包括农产品的产地环境中空气、土壤和生产用水的检测，周围环境质量状况的评估，生产过程质量安全控制措施的实施，生产中投入品的使用记录以及最终成品的质量安全水平等，覆盖了农产品生产的整个过程多个环节各个方面。

2. 标准化生产的要求

标准是无公害农产品认证的重要依据，无公害农产品认证的过程是依据相关标准和规范对农产品生产进行合格评定的过程。也就是说标准和规范覆盖了无公害农产品生产的全过程，无公害农产品生产操作的每个环节，都要按照规定的技术标准和规范进行，产地环境、投入品使用、产品质量都必须符合国家相关的强制性标准和规范要求。

3. 可追根溯源

获得认证的无公害农产品，颁发的认证证书和允许使用的无公害农产品标志，都带有申报无公害农产品认证企业的基本生产信息，既可防伪又能追根溯源，防止假冒伪劣，不仅维护了合法生产者的权益，又保护了消费者的权利，一举多得。这3个方面是农业现代化的重要内容，也是在当前和今后相当长的一段时间中，促进我国农业持续快速健康发展的关键性措施。

第二节　无公害农产品产生与发展

无公害农产品的产生与发展，有其深刻的历史背景和社会基础，是我国农业阶段性发展的客观要求，也是我国经济发展和现代化进程的必然产物。

一、无公害农产品产生的背景

（一）现代农业发展的客观要求

农业发展过程，是从原始农业转变为传统农业开始，再从传统农业转变为现代农业，实现农业现代化，这是世界上大多数发达国家和地区农业发展的必由之路。现代农业要求高产、优质、高效、生态、安全。但在现代农业发展过程中由于农业机械、化肥、农药和良种等生产资料集约化投入，一方面促进了生产力水平的提高；另一方面也带来了一系列问题。特别是农业生产中大量使用的化肥、农药等农业化学物质，在土壤和水体中残留，造成有毒、有害物质富集，并通过物质循环进入农作物、牲畜、水生动植物体内，一部分还将延伸到食品加工环节，最终损害人体健康。进入20世纪60年代以后，发达国家首先对现代农业发展过程中带来的负责影响进行反思和批判，积极研究、示范和推广多种农业生产模式和农业生产技术，许多国家先后发展生态农业、有机农业等可持续农业，成为真正意义上的现代农业。

我国的现代农业起步较晚，但发展较快，在发达国家反思现代农业发展过程中产生负面影响的同时，我国刚刚进入加速发展时期。20 世纪 70 年代我国也有一些专家对此提出了忠告，但在当时由于我国粮食供给不足，政府主管部门的主要工作放在农产品总量的生产上，对农产品质量安全管理的问题没有引起足够重视，在一定程度上导致我国重复着发达国家所走的农业发展道路。到 20 世纪末，农产品质量安全问题已非常严重。每年因农业环境污染造成农作物损失 150 亿元，家畜产品污染损失达 160 亿元。发展农业迫切要求转变不科学的农业生产增长方式，走可持续发展道路。

（二）提高农产品质量安全水平的现实选择

民以食为天，食以安为先。20 世纪 90 年代后期，我国农业和农村经济的发展进入了一个新阶段，主要农产品供求关系发生了重大变化，由长期传统农业型的食物短缺时代进入了食物相对平衡丰年有余阶段，并正在由主要解决食物数量安全问题步入注重食物质量安全问题的发展时期。农产品质量安全问题日益成为公众关注的焦点，成为农业发展的主要矛盾之一。一方面，国内食用农产品中毒事件时有发生，特别是蔬菜农药残留和生猪“瘦肉精”污染群体性中毒事件较为突出，我国农产品出口因质量安全问题被拒收、扣留、退货、销毁、索赔和中止合同的现象时有出现，许多传统大宗出口创汇农产品被迫退出国际市场；另一方面，随着经济社会发展，人民群众生活水平的提高，农产品的质量安全水平的高低直接影响着产业的健康发展。必须采取切实措施，加快提高我国农产品质量安全水平，保障农产品质量安全消费。

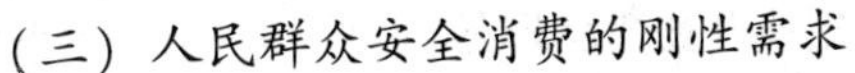

（三）人民群众安全消费的刚性需求

从当时的情况看，农产品的质量安全问题，不仅直接危及到人民群众的身体健康，同时也是我国加入WTO后面临国际市场激烈竞争的一个巨大隐患，事关各级政府在广大老百姓心目中的地位和形象，备受社会各界的关注，特别是连续数年人大、政协两会上关于农产品质量安全问题的建议和提案居高不下。从1999年开始，两会代表、委员关于治理餐桌污染和加强农产品质量安全管理的提案、建议成倍增长，其中，2001年全国人大、政协有关“农产品质量安全”的建议、提案多达70多件，仅全国人大30位以上代表联名的议案就多达9件。

（四）各地探索实践奠定了工作基础

为应对现代实业发展带来的负责影响，保护农业生态环境，促进农业的可持续发展，提高农产品质量安全水平，各地政府积极探索新的农业生产方式。湖北、黑龙江、山东、河北、云南等省在农业部的组织下，开展了无公害农产品生产技术的研究、技术推广和基地示范。2000年，湖北省以人民政府令的形式率先颁布了《湖北省无公害农产品管理办法》，随后海南、新疆、江苏等省区相继颁布了相关的管理法规。各地的探索和实践为无公害农产品的生产奠定了基础。

（五）国外农产品质量安全管理的通行做法

早在20世纪70年代初，英、美、法、德、韩等一些发达国家为解决本国农产品质量安全问题，保障安全消费需求，逐步建立了农产品认证制度。尤其20世纪80年代后，农产品认证发展极为迅速，欧、美、日、澳等国家和地区纷纷对农产品认证进行立法，制定标准，设立政府监管机构，规范农产品认证及标签标识，推行政府性的官方标识，使得农产品认证逐步成为农产品质量安全管理的国际通行做法，在农产品质量安全管理、农产品生产过程控制、农产品出口和有效调控农产品进口等方面发挥了极为重要的作用。其中，法国的农产品标签制度、英国的“小红拖拉机”标志认证、韩国的亲环境认证和日本的JAS认证，成为较典型的农产品认证制度。

（六）“无公害食品行动计划”做了具体部署

为适应新时期农业和农村经济结构战略性调整和加入世界贸易组织需要，全面提高我国农产品质量安全水平和市场竞争力，农业部按照国务院的指示精神，于2001年4月启动了“无公害食品行动计划”，并率先在北京、天津、上海和深圳4个大城市进行试点。

从2002年开始，根据中共中央、国务院关于加快实施“无公害食品行动计划”的要求，农业部党组决定在全国范围内全面推进“无公害食品行动计划”，并提出了《全面推进“无公害食品行动计划”的实施意见》，要求各地要通过健全体系、完善制度，对农产品质量安全实施全过程的监管，有效改善和提高我国农产品质量安全水平，力争用5年左右时间，基本实现食用农产品无公害生产，保障消费安全，质量安全指标达到发达国家或地区的中等水平。蔬菜、水果、茶叶、食用菌、畜产品、水产品等鲜活农产品无公害生产基地质量安全水平达到国家规定标准；大中城市的批发市场、大型农贸市场和连锁超市的鲜活农产品质量安全市场抽检合格率达95%以上，从根本上解决食用农产品急性中毒问题；出口农产品的质量安全水平在现有基础上有较大幅度提高，达到国际标准要求，并与贸易国实现对接。同时，在推进措施完善保障体系建设当中，首次提出要加强农产品质量安全认证体系的建设，组建农产品质量安全认证机构，做好无公害农产品产地认定、产品认证和标志管理工作，开展种植业产品、畜产品、水产品的认证。同年，农业部和国家质量监督检验检疫总局联合发布了《无公害农产品管理办法》，农业部和国家认证认可监督管理委员会联合发布了《无公害农产品标志管理办法》，

以部门规章的形式确定了无公害农产品管理的基本制度要求。《无公害农产品管理办法》和《无公害农产品标志管理办法》的发布，标志着无公害农产品的管理纳入了法制管理的轨道。

2003 年 3 月，经中央机构编制委员会办公室批准、国家认证认可监督管理委员会登记注册，农业部正式成立了农业部农产品质量安全中心，专门负责无公害农产品认证的具体工作。至此，农业部正式启动了全国统一标志的无公害农产品认证与管理工作。

二、无公害农产品发展历程

（一）无公害农产品发展阶段

无公害农产品经过将近 20 年的探索和发展，大体经历了 3 个阶段。

1. 探索发展阶段（20 世纪 80 年代至 2003 年）

我国对无公害农产品的探索始于 20 世纪 80 年代。早在 1982 年，湖北省就率先开展了无公害农业生产技术研究。随后，全国 10 多个省市相继对无公害生产技术进行推广应用。1996 年，农业部陆续组织湖北、黑龙江、山东、河北、云南等省开展了无公害农产品生产技术研究与基地示范等工作。随着无公害农产品生产技术在农业生产上的广泛应用和影响力的不断扩大，经国务院批准，农业部于 2001 年在全国实施“无公害食品行动计划”。

按照“无公害食品行动计划的总体部署和要求，各地本着探索路子，开展试点”的原则，在无公害农产品基地建设和产品认证方面做了一些积极有益而富有成效的尝试。从 2001 年 4 月到 2003 年年底，全国共有 32 个省（区、市）和计划单列市以及新疆建设兵团相继启动了无公害农产品认证工作。各省级农业行政部门共认定无公害农产品产地 7 758个，认证无公害农产品 7 119 个，无公害农产品在全国大部分省份得到长足、快速的发展，取得了良好的社会影响。

2. 统一认证阶段（2003—2004 年）

由于先期各地开展的无公害农产品认证在采用标准、工作程序、标志图案、监督管理等方面不统一，认证产品不互认，形成了国内农产品贸易区域间的壁垒，影响了无公害农产品在全国市场上的大流通。为统一管理，规范行为，2003 年工作重点是启动打基础，重在制度建设，2004 年是完善运行机制，推进地方认证向全国统一标志认证转换。为此，农业部、国家质检总局、认监委先后颁布出台了《无公害农产品管理办法》《无公害农产品标志管理办法》《无公害农产品产地认定程序》及《无公害农产品认证程序》等无公害农产品工作管理规章制度，并于 2003 年成立农业部农产品质量安全中心，开展全国无公害农产品统一认证。按照统一标准、统一认证、统一标志、统一监督、统一管理的要求，到 2004 年年底，完成全国 26 个省份 8 000多个地方认证产品向全国统一认证的转换，走向了全国认证工作“一盘棋”的发展阶段。

3. 稳步发展阶段（2005 年至现在）

2005 年至今，无公害农产品规模不断扩大，品牌影响力不断提升，已进入科学稳步发展阶段。一是政策导向逐步明确。2005 年，农业部出台《关于发展无公害农产品绿色食品和有机农产品的意见》，明确提出大力发展无公害农产品，推动了无公害农产品全面加快发展。二是法制建设实现突破。2006 年，国家出台了《农产品质量安全法》，将无公害农产品认证工作纳入了法制管理轨道。三是制度建设日趋完善。已制定的无公害农产品管理规范等制度涉及审查分工、质量控制、人员培训及证后监督等各个方面，基本满足无公害农产品认证的需要。四是体系队伍基本健全。全国省级无公害农产品工作机构 66 个，1/3 的地市级成立了专门的无公害农产品工作管理机构，经培训合格从事无公害农产品质量安全管理的检查员和内检员队伍6万多人，分布在省、地、县工作机构和生产企业。无公害农产品认证工作，已形成了“上下一条线，全国一盘棋”的良好格局。

(二) 推进无公害农产品发展的重大措施

在无公害农产品发展历程中，农业部农产品质量安全中心根据《无公害农产品管理办法》，结合形式发展的实际需要，在操作层面实施了多项影响全局的重大推进措施，推动无公害农产品持续快速发展。

1. 实施无公害农产品地方认证向全国统一认证全面转换

即将地方已认证的无公害农产品，按《无公害农产品管理办法》和《无公害农产品认证程序》规定，整体转换为全国统一认证。无公害农产品地方认证向全国统一认证全面转换的实施，实现无公害农产品认证统一标准、统一程序、统一标志、统一监督、统一管理的要求，基本形成了“上下一条线，全国一盘棋”的工作格局。

2. 施行无公害农产品产地认定和产品认证一体化推进

即在现有制度框架基础上，围绕提高无公害农产品产地认定与产品认证工作质量和效率，在操作层面按照“统一规范、简便快捷”和“循序渐进、稳步推进”的工作原则，用一体化推进的理念和要求，统筹产地认定和产品认证全过程。无公害农产品产地认定和产品认证一体化推进，由于简化了工作程序和流程，强化各环节相互衔接，充分发挥了体系队伍的管理和技术优势，突出工作重点，加快无公害农产品认证推进工作。

3. 实行便捷式复查换证

即对在无公害农产品证书有效期内产品质量稳定、从未出现过质量安全事故的无公害农产品，在证书有效期满申请复查时推行便捷式换证手续，简化申报材料，减少审查环节，提高认证效率。便捷式复查换证制度实施，有效地降低了复查换证的工作强度，加快了复查换证进程，复查换证率明显提高。

4. 全面推行先培训后申报制度

从2009年9月1日起，将拥有经培训合格的无公害农产品内检员作为申报单位申请无公害农产品认证的资质条件之一，以强化申报无公害农产品认证企业的内部质量安全管理意识，提升质量安全管理水平。先培训后申报制度的实施，全面提升了无公害农产品申报企业的内部质量安全水平，无公害农产品认证的申请质量和生产企业的质量安全管理意识得到进一步增强。

5. 实施无公害农产品整体认证

2011年，开始启动对符合条件企业的基地内所有产品实施一次性申报审批的认证制度，提高无公害农产品认证的效率。

（三）无公害农产品发展成就

自“无公害食品行动计划”启动实施的两个五年计划以来，在各级政府和农业行政主管部门的大力推动下，在无公害农产品工作机构的共同努力下，无公害农产品事业取得了有目共睹的成效。

1. 实物总量稳步扩大

截至2010年年底，全国共认定产地58 968个，其中，种植业产地36 251个，面积5 194万 hm^2，占全国耕地面积的40%（按总面积1.3亿 hm^2 计算）；畜牧业产地16 097个，规模540 928万头（只、羽）；渔业产地6 620个，养殖面积299万 hm^2。有效无公害农产品56 532个，其中，种植业产品39 906个、畜牧业产品8 187个、渔业产品8 439个，产品总量达2.76亿t，认证农产品约占同类农产品商品总量的30%。年度认证产品逐年稳步增加，从2003年开展全国统一的无公害农产品认证之初的2 071个，上升到2010年的25 187个，增加了12倍。

2. 产品质量安全可靠

“十一五”期间，无公害农产品年度抽检合格率均达到98%

以上，明显高于普通农产品，与“无公害食品行动计划”实施初的2001年相比，提高了30多个百分点。

3. 体系队伍不断壮大

截至2010年年底，全国已设立66个无公害农产品省级工作机构，市、县农业部门也大多成立或明确了工作机构，在人员队伍方面建立起约6万人的检查员和内检员队伍。

4. 制度机制日臻完善

建立起较为成熟的无公害农产品认证审查、现场检查、质量安全风险预警和突发事件应急处理等一系列制度规范，为适应动态监管和风险监测要求，2010年年初还启动了无公害农产品检测目录制度，首批制定发布了14类无公害农产品检测目录，增强了标准的针对性。

5. 产业化水平不断提高

近年来，无公害农产品认证企业实力不断增强，标准化、组织化程度不断提升，超过50%的产地实现连片种植管理、基地化生产，具有竞争优势的园艺、畜禽、水产类产品认证逐年增加，推动标准化生产和产业化经营、促进优质优价和提升品牌形象等功能作用逐步放大。

6. 综合效益日益显现

无公害农产品在实现自身发展的同时，也极大地宣传普及了农业标准化生产知识，强化了农产品质量安全意识，倡导了安全消费理念，在推进农业生产方式转变、促进农业增效、农民增收和农业生态环境保护方面发挥了重要的推动作用。良好的社会、经济、生态效益逐步显现。无公害农产品已经成为我国农产品保障消费安全、满足公共需求的政府主导品牌。

三、无公害农产品发展趋势

今后，无公害农产品工作将继续围绕社会主义新农村建设和现代农业发展，深入贯彻实施《农产品质量安全法》和《农产品包装与标志管理办法》，呈现快速、规范、持续发展的趋势。

（一）无公害农产品认证步伐将明显加快

一是无公害农产品总量规模将继续快速扩大。随着《农产品质量安全法》的颁布实施和居民消费水平的提高，市场对于优质安全的无公害农产品需求将呈加快增长的趋势。2009 年 5 月 13 日，全国无公害农产品暨农产品地理标志工作会议在甘肃兰州召开。农业部总经济师张玉香在讲话时表示，力争通过 5 ~ 8 年的时间，使我国的食用农产品无公害生产面积从目前的 30% 提高到 70% 以上。加快无公害农产品发展和扩大总量规模仍是今后农产品质量安全工作的主线和主基调，各级农业部门、农产品质量安全监管机构和无公害农产品工作系统一定要高度重视，全力推进无公害农产品事业发展。为了适应这一形势需要，无公害农产品将继续以老百姓日常生活离不开的“菜篮子”和“米袋子”产品，以及具备国际竞争优势的园艺、畜禽、水产品等劳动密集型产品为主导，加快认证步伐，迅速扩大总量规模，适应国内外市场需求，特别是结合各类科技示范项目项目和“一村一品”工程，大力发展资源节约型和环境友好型农业，在保障农产品消费安全的同时，发展现代农业，增加农民收入，改善农村生态环境。

二是无公害农产品检验检测体系建设将更加完善，技术支撑能力将进一步增强。第一，无公害食品行业标准不断完善，根据农业生产和市场需求及时进行制（修）订标准，扩展无公害农产品认证目录速度进一步加快，2007—2008 年组织完成了 45 项无公害食品行业标准的修订和 15 个省份无公害农产品检测项目必检与先检方案的评定；第二，检测队伍建设加强，建设能力提高；第三，现场检查员队伍继续扩大，在无公害农产品总量不断增长的同时保证产品质量；第四，管理逐渐规范，将通过建立工

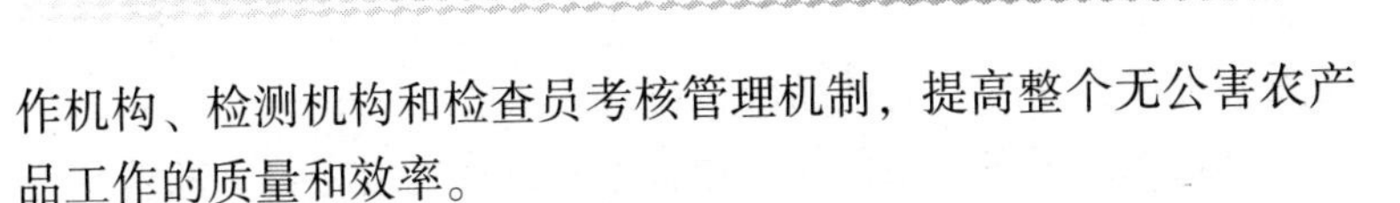

作机构、检测机构和检查员考核管理机制，提高整个无公害农产品工作的质量和效率。

三是产地认定、产品认证工作将稳步推进。为解决现行无公害农产品产地认定和产品认证脱节的问题，2006 年 7 月，农业部农产品质量安全中心开始在有关省份试点一体化推进模式，通过简便工作程序和流程，简化申报材料，强化现场检查和各环节相互衔接，以提高无公害农产品产地认定与产品认证工作效率。试点工作开展以来，地方农业部门和广大企业表现出极大的热情，试点工作取得了显著成效。下一步将加强业务指导和协调，深入开展调研，及时研究解决新情况、新问题、不断总结积累经验，逐步完善工作机制，从根本上解决产地认定、产品认证脱节问题，为无公害农产品加快发展提供机制保障。

（二）打造无公害农产品品牌的力度将进一步加大

无公害农产品认证要发挥市场准入和引导消费的作用，必须打造公共品牌形象，通过树立品牌引导消费，方便市场准入，促进优质优价。

一是无公害农产品标志推广力度进一步加大。无公害农产品标志推广是品牌打造的关键。针对以往无公害农产品标志形式单一、不方便使用的问题，在保留原有标志的基础上，新增加锁扣式和捆扎式标志，方便鲜活畜禽产品和蔬菜使用。与此同时，在部分省份试点改革标志推广模式，由地方工作机构加强对企业的宣传和指导，在督促规范用标的同时，尽可能扩大标志的影响力和使用率。

二是无公害农产品品牌宣传力度进一步加大。与工业企业相比，农业企业普遍具有规模小、资金少、收入低等特点，无力在大范围内自行组织对无公害农产品品牌的宣传，同时无公害农产品是由政府推动的公益性公共品牌，因此，各级农业主管部门将通过统筹规划，有计划、有组织地进行多渠道、全方位的宣传，使无公害农产品这一公共品牌日益深入人心。

三是无公害农产品公共信息服务平台将更加完善。随着政府提供市场促销服务，搭建统一的无公害农产品公共信息平台的工作的深入开展，无公害农产品工作管理部门将通过信息平台及时准确地发布无公害农产品的各类信息，从而实现无公害农产品生产者与消费者、经营者与管理者之间的互通，能够同时满足生产者的技术指导需求、消费者的安全保障需求、经营者的市场信息需求和管理者的监督管理需求。

（三）无公害农产品监督检查力度将进一步强化

实行质量安全监测和监督抽查，是保障农产品质量安全的重要手段。农业部已将获证无公害农产品纳入到农产品质量安全例行监测范围，定期进行跟踪检测；同时农业部农产品质量安全中心也列出专项经费开展年度监督抽检，确保无公害农产品品牌的公信力。

一是现场检查的力度加大。现场检查是无公害农产品产地认定与产品认证的关键环节，对于确保认证的科学性、有效性和提高产品质量意义重大，随着无公害农产品数量规模的快速扩大，无公害农产品认证对现场检查工作提出了更高要求，规定要对每个申报产品百分之百实施现场检查。重点是加强产地环境、农业投入品、生产过程的检查，以确保每块产地认定和每个产品认证的工作质量。

二是获证产地产品跟踪检查加强。各级无公害认证管理部门将通过现场抽查、监督抽检等方式，督促获证企业和基地严格按照无公害农产品生产技术规范组织生产，确保获证产品符合无公害农产品标准要求。

三是标志标志使用监督检查加强。随着农产品质量安全法的深入实施，无公害农产品工作由单一行政推动走向顺向行政推动和逆向执法监管相结合，无公害农产品管理部门将进一步依法加

强对包装标志监督管理，确保无公害农产品标志正确规范使用，防止假冒无公害农产品标志的违法行为，保护获证企业和消费者的合法权益。

第三节　无公害农产品产地环境质量要求

一、无公害农产品产地环境质量总体要求

无公害农产品产地环境选择的基本原则：生态环境良好，远离污染源，并具有可持续生产能力的农业生产区域。具体来说就是，产地最好集中连片，具备一定的生产规模产地区域范围明确，产品相对稳定；产地区域范围内、灌溉水上游，产地上风向，均没有对产地构成威胁的污染源；另外，应尽量避免公路主干线。在无公害种植业环境要求中，对产地环境条件的审查准则主要依据农业部发布实施的无公害农产品标准进行评价〔NY5010—2002无公害产品蔬菜产地环境条件〕

二、产地环境控制

国家质量监督检验检疫总局制定《农产品安全质量》GB/T18407—2001，提供无公害农产品产地环境其中包括无公害蔬菜产地环境要求。

三、产地环境评价

产地环境主要从大气、水体、土壤3个方面来进行评价。产地环境质量的主要内容及范围应包括6个大的方面：①水分 地质 地貌 土壤肥力 气候等自然环境条件；②工业“三废”污染及其他污染源情况；③产品生产过程中病虫害防治技术，肥料施用情况及其他化学物质〔除草剂 激素等〕使用情况；④土壤类别、

背景值、农药残留等资料；⑤以往环境质量检测资料；⑥植物生产基本情况。

（一）产地环境评价概述

1. 评价原则

产地环境质量评价，应遵循以下原则：①全面掌握产地的各项环境质量标准（大气、水质和土壤）及监测指标；②充分考虑农业生产过程中的自身污染；③在全面反映环境质量的前提下，要着重对影响种植业产品质量安全的关键环境因素进行评价。

2. 评价程序

评价的程序有 7 个方面：①区域环境质量状况考查及环境本低特征调查；②环境质量调查检测；③调查资料及监测数据的分析整理；④选择评价参数评价的环境标准和加权系数；⑤根据无公害农产品环境质量评价标准进行综合评价；⑥环境质量现状评价结论；⑦保护与改善环境的建议。

3. 环境调查及数据监测

（1）环境调查的原则与方法。产地环境调查所应遵循的原则是；在调查产地环境质量现状、发展趋势及区域污染控制措施的同时，兼顾产地自然环境、社会经济及工农业生产对产地环境质量的影响。产地环境调查的方法是，收集资料法和现场调查法相结合。首先，通过收集资料获取有关资料；当这些资料不能满足要求时，再进行现场调查。

（2）环境调查的内容。环境调查的内容包括：①自然环境特征，包括自然地理、气候与气象（年均风速、主导风向、年均气温、年均相对湿度、年均降水量等）、水文状况，土壤状况，植被及自然灾害等；②社会环境概况，如工业布局农田水利，农，林，牧等；③工农业污染及其影响如工矿污染分布，“三废”排放情况及其影响和危害，地下水，地面水，农田土壤，大气质量现状等；④农业生态环境保护措施，主要是有资源合理利用，清洁生产情况与污染防治措施等。

（3）环境数据监测。对于与种植业生产密切相关的水，土，气，需要依据一定的原则在现场收集样品，按照标准规定的方法检验所得的监测数据，既是环境评价依据的重要组成部分。①灌溉用水的采样：对于水源丰富，水质相对稳定的同一水源，布设1～3个采样点；若不同水源则依次叠加；水源相对贫乏，水质稳定性差的水源，则应根据实际情况适当增加采样点数；对水质要求低的农作物产地，可适当减少采样点数，同一水源一般布设1～2个采样点；对于以天然降水为灌溉水的地区，可以不采灌溉水样；关于采样时间与频率，一般在农作物生长过程中的主要灌溉期采样一次。②土壤的采样：蔬菜栽培区域，产地面积在300hm^{2}以内，一般布设3～5个采样点；土壤的采样时间一般应安排在作物生长期内或播种前。③环境空气的采样：地势平坦区域，空气监测点设置在沿主导风走向45°～90°夹角内，各测点间距一般不超过5km。产地周围5km，主导风向20km以内没有工矿企业污染源的区域，可免测空气。关于采样数量，产地布局较为集中，面积较小，无工矿污染源的区域，布设1～3个采样点。样点的设置数量可根据空气质量稳定性以及污染物的影响程度适当增减。关于采样时间及频率，应选择在空气污染对产品质量影响较大的时期，一般安排在作物生长期进行。在正常天气条件下采样，每天4次，上午下午各2次，连续采样2天。上午时间8：00～9：00，11：00～12：00；下午时间为14：00～15：00，17：00～18：00。遇异常天气（如雨、雪等）应当顺延，待天气好后重新安排采样。

（二）产地环境评价的方法

1. 指标分类

根据污染因子的毒理学特征和生物吸收，富集能力，将产地环境条件标准中的项目分为严格控制指标和一般控制指标两类。严格控制指标有：农田灌溉水监测项目中的铅、镉、汞、砷、氰化物、六价铬；土壤监测指标中的铅、镉、汞、砷、铬；空气监测指标中的二氧化硫、二氧化氮。其他项目为一般控制指标。

2. 评价步骤

（1）严格控制指标评价。严格控制指标的评价采用单项污染指数法，按下式计算：

（p）环境中污染物i的单项污染指数＝（C）环境中污染物i的实测值/（s）污染物i的评价标准。P＞1严格控制指标有超标，判定为不合格，不再进行一般控制指标评价；P≤1一般控制指标未超标，继续进行一般控制指标评价。

（2）一般控制指标评价。一般控制指标评价采用单项污染指数法，按上式计算。

P≤1一般控制指标未超标，判定为合格，不再进行综合污染指数法评价；P＞1，一般控制指标有超标，则需要进行综合污染指数法评价。

（3）综合污染指数法评价。在没有严格控制指标超标，而只有一般控制指标超标的情况下，采用单项污染指数平均值和单项污染指数最大相结合的综污染指数法。

（三）产地环境评价中需要重点把握的环节

我国种植业产地环境的污染范围正随着经济的发展逐步壮大。农药和化肥的污染是较为普遍的情况，特别是在经济较为发达的地区，长期施肥，造成土壤板结，酸化，养分供给不协调，特别是氮肥的过量施用，致使硝酸盐含量过高。工矿区，以前的污水灌溉区，重金属污染较为严重。对于产地的监测和评价以及认证过程中的审查，这些都是需要重点考查的关键环节。

（四）无公害蔬菜产地环境要求

无公害蔬菜产地环境要求（根据GB/T18407.1—2001）包括

以下内容。

1. 产地选择

无公害蔬菜的产地应选择在不受污染源影响或污染物含量限制在允许范围之内，生态环境良好并且可持续生产能力的农业生产区域。

2. 产地环境空气质量

无公害蔬菜产地环境空气质量指标，见表1－1；无公害蔬菜产地环境空气浓度限值，见表1－2。

表1－1 无公害蔬菜产地环境空气质量指标

项目	日平均	1h平均
总悬浮颗粒物（标准状况）/（mg/m^3）	≤0.30	
二氧化硫（标准状况）/（mg/m^3）	≤0.15	≤0.50
氮氧化物（标准状况）/（mg/m^3）	≤0.10	≤0.15
氟氧化物（标准状况）/〔μg/（$dm^3 \cdot d$）〕	≤5.0	
铅（标准状况）/（$\mu g/m^3$）	≤1.5	

注：1. 日平均值指任何一日的平均浓度

2. 1h平均指任何1h的平均浓度

表1－2 无公害蔬菜产地环境空气浓度限值

项目	日平均	1h平均
总悬浮颗粒物（标准状况）/（mg/m^3）	≤0.30	≤0.50
二氧化硫（标准状况）/（mg/m^3）	≤0.15	≤0.24
二氧化氮（标准状况）/（mg/m^3）	≤0.12	≤20
氟化物（标准状况）/（$\mu g/m^3$）	≤7	
铅（标准状况）/（$\mu g/m^3$）	≤1.8	

注：1. 日平均值指任何一日的平均浓度

2. 1h平均指任何1h的平均浓度

3. 灌溉水质量

无公害蔬菜产地灌溉水质量指标，见表1－3（为GB/

T18407.1 中的规定)；无公害蔬菜产地灌溉水质量浓度限值，见表 1-4（为 NY5010 中的规定)。

表 1-3　无公害蔬菜产地灌溉水质量指标

项目	指标	项目	指标
氯化物/（mg/L)	≤250	铅/（mg/L)	≤0.1
氰化物/（mg/L)	≤6.5	镉/（mg/L)	≤0.005
氟化物/（mg/L)	≤5.0	铬/（mg/L)	≤0.1
总汞/（mg/L)	≤0.001	石油类（mg/L)	≤1.0
砷/（mg/L)	≤0.05		

表 1-4　无公害蔬菜产地灌溉水质量浓度限值

项目	浓度限值	项目	浓度限值
pH 值	5.5~8.5		
化学需氧量/（mg/L)	≤150	铬（六价）/（mg/L)	≤0.10
总汞/（mg/L)	≤0.001	氯化物/（mg/L)	≤2.0
总镉/（mg/L)	≤0.005	氰化物/（mg/L)	≤0.50
总砷/（mg/L)	≤0.05	石油类/（mg/L)	≤1.0
总铅/（mg/L)	≤0.10	粪大肠菌群/（个/L)	≤10 000

4. 土壤环境质量

无公害蔬菜产地土壤环境质量指标，见表 1-5（为 GB/T18407.1 中的规定)；无公害蔬菜产地土壤环境含量限值，见表 1-6（为 NY5010 中的规定)。

表 1－5　无公害蔬菜产地土壤环境质量指标

项　目	指　　标		
	pH 值 <6.5	pH 值 6.5～7.5	pH 值 >7.5
总汞/（mg/kg）	≤0.3	≤0.3	≤1.0
总砷/（mg/kg）	≤40	≤30	≤25
铅/（mg/kg）	≤100	≤150	≤150
镉/（mg/kg）	≤0.3	≤0.3	≤0.6
铬（六价）/（mg/L）	≤150	≤200	≤250
六六六/（mg/kg）	≤0.5	≤0.5	≤0.5
DDT（mg/kg）	≤0.5	≤0.5	≤0.5

表 1－6　无公害蔬菜产地土壤环境含量限值

项　目	含量限值		
	pH 值 <6.5	pH 值 6.5～7.5	pH 值 >7.5
镉/（mg/kg）	≤0.30	≤0.30	≤0.60
汞/（mg/kg）	≤0.30	≤0.30	≤1.0
砷/（mg/kg）	≤40	≤30	≤25
铅/（mg/kg）	≤250	≤300	≤350
铬/（mg/kg）	≤150	≤200	≤250
铜/（mg/L）	≤50	≤100	≤100

第四节　无公害农产品生产技术要求

无公害农产品生产过程的控制是无公害农产品质量控制的关键环节。从事无公害农产品生产的单位或个人，应当严格按规定使用农业投入品。禁止使用国家禁用、淘汰的农业投入品。

一、管理制度

无公害农产品产地应有能满足无公害农产品生产的组织管理机构和相应的技术、管理人员，并建立无公害农产品生产管理制度，明确岗位、职责。

二、生产技术规程

产地生产质量控制措施包括组织措施、技术措施、自控措施、产地保护措施等。无公害种植业产品生产技术规程主要从以下三方面进行评价。

（1）农业部发布的推荐性生产过程生产技术操作规程和初加工的加工技术规程。

（2）申请人制定的符合实际生产过程的质量控制措施和生产技术规程的管理性文件。

（3）国家明令禁止使用的农药等。

三、农业投入品使用

（一）肥料使用与管理

肥料是指以提供植物养分为主要功效的各种物料，按经济性状可分为化肥、商品有机肥、微生物肥料 3 类。

1. 施肥对农业生态环境与农产品质量的影响

合理施用可以提高农产品质量和品质，提高农产品的风味和耐储性，但使用过多或不合理使用将产生两个方面的负面影响。一是养分失调，造成农产品质量下降，其主要的问题是过量施用氮肥，造成土壤氮素过剩，不仅导致硝酸盐污染地下水，而且会造成植物吸收硝酸盐、亚硝酸盐过量，导致农产品中硝酸盐、亚硝酸盐含量超标。二是若肥料中的一些污染物含量过高，会造成土壤与农产品中重金属含量超标。

施肥不当对农业环境和农产品产生不良影响的原因。主要来自以下几个方面。

（1）施用污泥与污水灌溉，造成土壤重金属污染与农产品污染物超标。

（2）过量施用氮素化肥、磷肥、有机肥，使土壤氮、磷过

剩，导致农产品与地下水硝酸盐污染、江河、湖泊、池塘水体富营养化。

（3）施用未经无害处理的畜禽粪便与其他有机废弃物，导致土壤与农产品生物污染（主要重金属、有害有机物等，生物污染指大肠杆菌、蛔虫卵、沙门氏菌等致病生物）。

（4）施用污染物超标的肥料，如20世纪80年代许多地方使用含三氯乙醛的有毒磷肥，直接造成大面积的农作物受害，甚至绝收。

（二）施肥原则与肥料选择

1. 施肥原则

合理施肥原则是：坚持有机肥料与无机肥料相结合；坚持因土因作物合理施肥，坚持缺素补素，平衡施肥；确定合理的轮作施肥制度，合理调配养分；坚持合理的施肥技术，提高化肥利用率。

合理施肥的概念也应考虑到对生态环境安全性的影响问题。为此在农田施用肥料时还必须遵循如下原则：

（1）施用肥料中污染物在土壤中的积累不致危害农作物的正常生长发育。

（2）施用肥料后，产出的农产品中，污染物的残留量不超过国家食品卫生标准和饲料标准。

（3）施用肥料土壤中污染物的累积量不会对土壤有益微生物产生明显不良影响。

（4）施用肥料土壤不会对地表水和地下水产生次生污染。

2. 肥料选择

为达到合理施肥的要求，合理施肥内容应包括如下因土、因作物与因生育期而异的肥料选择与定量配方施肥方式。

（1）针对植物营养特性选择肥料。植物种类、品种不同对养分需求不同，同一植物品种不同生育期、不同产量水平对养分需求数量和比例不同；不同植物对养分种类有特殊反应；不同植物对养分吸收利用能力也有差异，选择化肥品种时，应根据作物营养特点来科学选择肥料。

（2）针对土壤特性选择肥料。我国土壤种类丰富，南北土壤差异很大，南方地区的红壤、砖红壤、黄壤、黄棕壤、棕壤，呈酸性或微酸性，磷肥宜用偏碱性的钙镁磷肥；而北方土壤黑钙土、栗钙土、灰钙土、褐土等土类，多呈碱性，磷肥宜用偏酸性的过磷酸钙；有盐渍化特征的碱土、盐土，尤其滨海盐土，宜施用磷石膏，钾肥宜选用硫酸钾。

（3）针对作物生育期需要选择肥料。作物生长的不同时期对肥料的吸收不同，因此，针对不同的生长时期选择不同的肥料。种肥选用中性高浓度的复合肥料。基肥可选用低浓度肥料，也可选用高浓度复合肥料。追肥多选用高浓度速效化肥，如尿素、磷酸二铵，磷酸二氢钾等。灌溉施肥及叶面喷肥时，要选用高浓度、易溶解、残渣少的肥料如尿素、硝酸铵、磷酸二氢钾及种类繁多的叶面肥等。

（4）定量施肥方式。

3. 施肥量确定

一般在生产上使用的主要方法有地力分区（级）配方法，目标产量配方法（包括养分平衡法和地力差减法），田间试验配方法（包括肥料效应函数法和养分丰缺指标法）等。一般作物施肥量常用目标产量配方法进行推算。其计算公式如下：

$$作物施肥量=\frac{目标产量所需养分吸收量-土壤养分供给量}{肥料有效养分含量（\%）\times肥料利用率（\%）}$$

上述公式中涉及的目标产量养分吸收量、土壤养分供给量、化肥有效成分含量、化肥利用率统称为施肥参数。已通过大量研究总结得出一些经验数据。一般情况下，化肥的当季利用率为：氮肥 30% ~35%，磷肥 15% ~25%，钾肥 25% ~35%。养分吸

收量可以查找有关材料手册得知，土壤养分供给量需经土壤测试，田间试验得知。

4. 养分配比

根据植物营养特性和土壤性状调整肥料养分配比，实现配方平衡施肥。无公害农产品基地应重视有机肥投入，其与化肥总有效养分比以 1∶1 效果较好。

（三）肥料使用

无公害农产品（种植业产品）生产过程中使用的肥料包括有机肥料、无机肥料、有机无机复混肥料、生物肥料等，使用时应符合《肥料合理使用准则 通则》等国家相关标准和规范的要求。在生产过程中禁止使用城市生活垃圾、污泥、城乡工业废渣、未经无害化处理的有机肥料和不符合相应标准的无机肥料。

（四）施肥管理规定

1. 允许施用的肥料

允许施用的肥料有 3 类：①有机肥料，包括经无害化处理后的粪尿肥，绿肥，草木灰，腐殖酸类肥料，秸秆等。②无机肥料，包括氮肥中的硫酸铵，碳酸氢铵，尿素，硝酸铵钙等。磷肥中的过磷酸钙，重过磷酸钙，钙镁磷肥，磷酸二氢铵等。钾肥中的硫酸钾，氯化钾，钾镁肥等，微量元素肥料中的硼砂，硼酸，硫酸锰，硫酸亚铁，硫酸锌，硫酸铜等。③其他肥料，包括以上述有机或无机肥料为原料制成的符合《复混肥料》（GB 15063—1994）并正式登记的复混肥料，国家正式登记的新型肥料和生物肥料。

2. 禁止和限量使用肥料

禁止和限量使用肥料包括城市生活垃圾，污泥，城乡工业废渣以及未经无害化处理的有机肥料；不符合相应标准的无机肥料；不符合《含氮基酸叶面肥料》（GB/T 17419）以及《含微量元素叶面肥料》（GB/T 17419）以及《含微量元素叶面肥料》

(GB/T 17420) 标准的叶面肥料。

3. 肥料标准和肥料施用准则

目前，已经发布的有关肥料标准和肥料施用准则有《复混肥料》(GB 15063—1994),《含氨基酸叶面肥料》(GB/T 17419—1998),《含微量元素叶面肥料》(NY/T 17420—1998),《微生物肥料》(NY 227—1994),《绿色食品肥料使用准则》(NY/Y 394—2000),《肥料合理使用准则》(NY/T 496—2000)，国家系列标准中的其他常用肥料等。

(五) 农药使用与管理

农药是农业生产中必需的生产资料，又是一类对环境与生物有害的有毒化学品，控制其在农产品中的残留是无公害农产品质量控制的重要内容，也是检查员在检查和审定工作中的一个重要方面。

1. 农药对环境、农产品和人类健康的影响

在病虫害防治中，农药的使用是植物保护的重要手段，它具有快速、高效、经济等特点，在保证农业稳产、高产，满足人们对农副产品需求方面发挥着巨大的作用，迄今为止并在今后一定的时间内，没有其他手段可以完全代替。然而，绝大多数农药，尤其是化学农药及其代谢物和杂质都存在着对人、畜、有益生物的毒害及对环境的影响等问题。施用于作物上的农药，其中一部分附着于作物上，一部分散落在土壤、大气和水等环境中，环境残存的农药中的一部分又会被植物吸收。残留农药直接通过植物果实或水、大气到达人、畜体内，或通过环境、食物链最终传递给人、畜。导致和影响农药残留的原因有很多，其中，农药本身的性质、环境因素以及农药的使用方法是影响农药残留的主要因素。世界各国都存在着程度不同的农药残留问题，农药残留会导致以下几方面危害。

(1) 农药残留对健康的影响。食用含有大量高毒、剧毒农

药残留的食物会导致人、畜急性中毒事故，长期食用农药残留量超标的农产品会引起慢性中毒，并有可能引发多种慢性疾病，如肿瘤、生育能力降低等等。最新研究报道，人类的一些疾病和许多癌症都是由农药引起的。长期生活在高残留农药环境中的生物极易诱发基因突变，使生物物种退化甚至衰竭死亡，造成生态系统失衡乃至崩溃。农药通过生态食物链的传递与富集，使处于高生态位上的生物包括人类遭受高剂量农药的危害。

（2）药害影响农业生产。由于不合理使用农药，特别是除草剂，导致药害事故频繁，经常引起大面积减产甚至绝产，严重影响了农业生产。土壤中残留的长残效除草剂是其中的一个重要原因。土壤农药残留污染由于有隐蔽性、潜伏性、长期性和后果的严重性等特点，不容易为人们所察觉，需要通过食物链危害动物和人的健康才显现出来，这也是人们忽略了这一重要的环境污染因素的原因。土壤污染造成作物减少和直接经济损失外，还会导致农产品品质退化。

（3）农药残留影响农产品品质。农药残留是农产品质量的重要指标，农残超标不能成为无公害农产品。世界各国，特别是发达国家对农药残留问题高度重视，对各种农副产品中农药残留都规定了越来越严格的限量标准。许多国家以农药残留限量为技术壁垒，限制农副产品进口，保护农业生产。2000 年，欧共体将氰戊菊酯在茶叶中的残留限量从 10mg/kg 降低到 0.1mg/kg，使我国茶叶出口面临严峻的挑战。2001 年我国出口日本的蔬菜因农药残留超标，而被销毁，使出口企业损失严重。

（4）农药对农业生态环境的影响。农业污染是我国影响范围最广的有机污染。据统计，我国每年使用农药约 50 万吨，其中，80% 以上直接进入环境，绝大部分残留在农田土壤中，每年使用农药的面积约 3 亿 hm^2。农药对大气、土壤和水体的污染对环境质量的影响与破坏，尤其是对地下水污染问题已引起广泛重视；农药污染的生态效应十分深远，尤其是对生物多样性保护的影响。在一些农药使用高量区，青蛙、鱼类大鳝、泥鳅绝迹，蚕农饲养的蚕时遭死亡，还直接殃及山林鸟类，因食含药昆虫而亡的事时有发生。同时，大量的昆虫被杀，使许多鸟类失去食物来源，导致种群衰亡，对生物多样性与整个生态系统产生直接威胁。

2. 无公害农产品生产对农药的要求

无公害农产品生产，并非不使用化学农药。化学农药是防治病虫害的有效手段，特别是病害流行、虫害暴发时更是有效的防治措施，关键是如何科学合理地加以使用，既要防治病虫危害，又要减少污染，使上市蔬菜中的农药残留量控制在允许的范围内，这就要求采取综合防治措施。综合防治措施包括合理的栽培技术，减少、避开病虫害发生的条件，合理使用农药，对症下药，采用合理施药技术等，同时，也包括采用高效、低毒、低残留农药。

高效、低毒、低残留农药可以分为两大类：一类是生活源类；另一类是非生物源类。在无公害农产品（种植业产品）生产过程中选择农药时要注意 3 点：一是要选用效果好、对人、畜、自然天敌都没有毒性或毒性极微的生物农药、生化制剂、病毒制剂、农用抗毒等；二是选用植物性杀虫剂；三是选用高效、低毒、低残留的农药。

(1) 农药的使用原则。解决农药残留问题，必须从根源上杜绝农药残留污染。2010 年年底，我国制定并发布了《农药合理使用准则》国家标准。准则中详细规定了各种农药在不同作物上的使用时期、使用方法、使用次数、安全间隔期等技术指标。合理使用农药，不但可以有效地控制病虫草害，而且可以减少农药的使用，减少浪费，最重要的是可以避免农药残留超标。

①确定防治对象，了解危害习性：只有在正确鉴别发生危害

的病、虫、草种类的基础上，才能有的放矢，选择合适的农药，采取相应的措施，防治其危害。

②使用质量合格的农药：农药质量的好坏直接影响到使用后的药效。农药使用前，应查看农药包装上的标签是否完好，是否有三证号、生产日期和保持期。不要使用无标签或标签不清楚、无三证、过期的农药。

③对症下药，适时施药：根据作物和病、虫、草害发生的种类，施用相应的农药品种。防治病、虫、草害，就像人治病一样，对症下药，才能达到防治目的。因为不论是杀虫剂、杀菌剂，还是除草剂，它们的防治对象是有限的，只对某类害虫、病害或某些杂草有效。应当根据防治对象选择对路的农药品种，而不能用一种杀虫剂来防治所有的害虫，用一种杀菌剂来防治所有的病害，用一种除草剂来防除各种作物田里的杂草。

除了选择好对路的农药品种外，还要适时施药。例如，用菊酯类农药防治棉铃虫、红铃虫时，应在卵孵化盛期，幼虫蛀入蕾、铃之前喷药。一旦幼虫已蛀入蕾、铃后再喷药则防治效果差。

④适量、均匀施药：在施用农药时应根据防治对象的种类、生育期、发生量以及环境条件来决定用药量。不同的虫龄和杂草叶龄对农药的敏感性有差异，防治敏感的对象用药量少，防治有耐药性的对象用药量大；适合的农药使用量还受到环境条件的影响，如为了取得相同的药效，土壤处理除草剂在土表干燥、有机质含量高的地里的施用量就要比在湿润、有机质含量低的地里的施用量高。除了选择对路的农药品种和适时施药外，还必须均匀施药，才能保证药效。

⑤合理轮换用药与混用施药：长期单一施用某一种农药，容易引起病、虫、草产生抗药性，或杂草种类发生变化，使得农药的药效下降。所以，应合理轮换施用机制不同的药剂，防止或延

缓病、虫、草抗药性的产生和杂草群落的改变，提高农药的使用效果。

合理混用农药可提高药效，扩大防治对象，降低用药量，防止或延缓病、虫、草抗药性的产生，避免作物药害。

⑥选择适当的施药方法：应根据农药的性质、防治对象和环境条件选择适合的施药方法。如防治地下害虫，可用拌种或制成毒土进行穴施或条施；又如甲草胺只能用来进行土壤处理，不能作茎叶喷雾；而草甘膦只能用来进行茎叶喷雾，不能做土壤处理。

常用的施药方法有：喷雾法、喷粉法、撒施法、泼浇法、灌根法、拌种法、毒饵法、熏蒸法和涂抹法等。

⑦综合防治：在防治病、虫、草害时，不能只依赖农药。长期大量施用农药会杀伤自然天敌，破坏生态平衡，导致病、虫、草抗药性的产生，使得病、虫、草害变得更难防治，为害加重。应结合当地的实际情况，把化学防治和其他物理方法、栽培措施、耕作制度、生物防治等有机地结合起来。创造不利于病、虫、草害而有利于天敌繁衍的环境条件，保持农业生态系统平衡和生物多样性。不能一见病、虫、草就打药，应用防治指标来指导用药，以避免不必要的和过量的施药。

（2）农药的使用要求。无公害农产品（种植业产品）生产不是不使用农药，而是合理使用农药。农药的使用必须依据法律、行政法规和国务院农业行政主管部门的规定，农药使用者必须遵守农药防毒规程和国家有关农药安全、合理使用的规定，按照规定的用药量、用药次数、用药方法和安全间隔期施药，防止农产品污染，不得将剧毒、高毒农药用于蔬菜、瓜果、茶叶和中药材，严禁用农药毒鱼、虾、鸟、兽等。农产品生产者在农药使用中严格执行安全间隔期的规定，是合理使用农药的重要内容。根据农药管理条例及农业部有关规定的要求，农药在其标签或说

明书上都标了安全间隔期等内容，农产品生产者应当严格按照标的安全间隔期使用农药，确保农产品质量安全。禁止在农产品生产过程中使用国家明令禁止和限制使用的农药。

四、生产记录

生产记录是生产过程的真实再现，也是保证生产质量的关键，对于生产者来说，完整的生产过程记录是对生产过程进行有效控制的保障。种植业产品生产过程中生产记录包括产地环境控制、生产技术控制、投入品使用、加工和储藏运输以及培训、检测等方面。所有的生产记录应保存两年以上。

（一）生产记录的要求

生产记录作为产品质量安全水平的一种证明，应能客观地反映质量安全活动的实际情况，成为质量追踪和采取纠正措施、预防措施的依据。生产记录应系统、完整、贯穿于产品形成的全过程，能完整地反映生产过程管理状况和产品的质量状况。生产记录格式要分类进行统一登记，传递程序要尽量简化，以便于管理。生产记录应正确、清楚、严格，决不允许伪造、任意涂改、删除或篡改。各项记录都应该在现场操作时进行，而不应该提前记录或之后补记。每份记录都应该有记录人的签名及填写日期。记录应有专人和专门的地方进行保存，以防止记录的损坏和丢失。任何记录的失真、缺失或模糊不清，都会失去或影响记录的价值。各项记录是判断产品质量安全是否符合无公害农产品要求的重要依据，因此，申请人必须完整地保存各项记录，同时，应确保各项记录的严肃性、真实性和原始性。

（二）生产记录的内容

生产记录应包括产品形成过程中所有影响产品质量安全的活动情况，如原辅料的购买情况、投入品的使用情况、病虫草鼠害防治情况、产品检验情况、产品销售情况、人员培训情况及其他相关资料等，以反映产品在整个形成过程中的全貌。

1. 生产过程记录

生产过程记录必须真实、客观地记录产品从播种到收获所有影响产品质量安全的各项农事操作，应包括以下内容。

（1）作物名称。所种植产品的名称。

（2）品种。所种植产品的品种。

（3）种植时间。从种植开始到结束的时间。

（4）种子处理或苗木消毒。温汤浸种应注明水温及处理时间，药剂浸种或苗木消毒应写明所用药剂的名称、浓度、处理时间。

（5）肥料使用情况。包括从播种到收获使用的所有肥料的名称、使用方法（作底肥、追肥、叶面施肥工拌种）、使用时间、使用量。如某种肥料使用了多次，每次都应该详细记录。

（6）病虫草害防治情况。包括从播种到收获期间发生的所有病虫害名称、每种病虫害发生的时间，针对每种病虫害所采用的防治方法（如物理防治、生物防治、化学防治），所使用药物的名称、剂型（如乳油、可湿性粉剂、水剂等）、稀释倍数、使用量、使用方法（喷雾、撒施、拌种、毒土、包衣等）。对于某种多次发生的病虫害，不管每次防治的方法是否相同，使用的药物、使用量是否相同，每次都应如实地进行详细的记载。某些申请者，为了使产品质量看起来更安全一些，只记录了部分药物的使用情况，例如，在种植该产品过程中，实际进行了五次药物防治，但在生产过程记录中只记录了两次，这是不符合记录要求的。在产品生产过程中如采用了除草剂进行草害防治，应记录除草剂的名称、剂型、使用量、使用方法、使用时间。

（7）植物生长调节剂类物质的使用。在产品生产过程中，如使用了植物生长调节剂类物质，应详细记录下植物生长调节剂的名称、使用时期、使用浓度。

（8）收获。应详细记录每次收获的时间。对于种植业产品

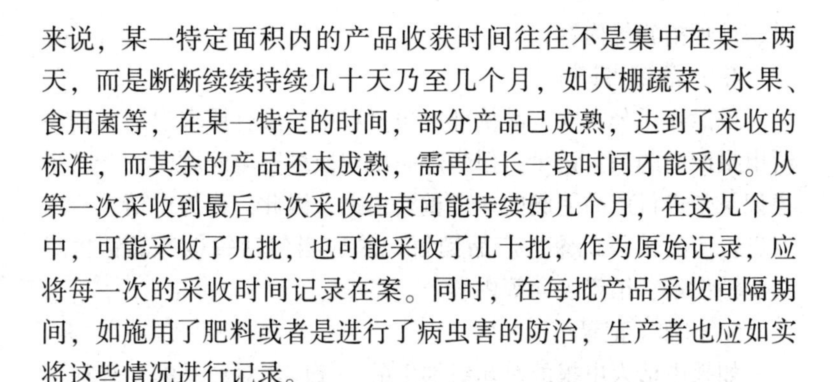

来说，某一特定面积内的产品收获时间往往不是集中在某一两天，而是断断续续持续几十天乃至几个月，如大棚蔬菜、水果、食用菌等，在某一特定的时间，部分产品已成熟，达到了采收的标准，而其余的产品还未成熟，需再生长一段时间才能采收。从第一次采收到最后一次采收结束可能持续好几个月，在这几个月中，可能采收了几批，也可能采收了几十批，作为原始记录，应将每一次的采收时间记录在案。同时，在每批产品采收间隔期间，如施用了肥料或者是进行了病虫害的防治，生产者也应如实将这些情况进行记录。

为了保持记录的准确、完整，同一份生产记录最好由同一个人进行记载，当记录完成后，记录人应当签名。

在无公害农产品认证申请中，无论申请人是公司还是其他农民专业合作经济组织，其所申报产品的种植户往往涉及几十户乃至几百户，申报时不可能报送所有种植户的生产记录，但作为申请人来说，为了控制产品的质量，应当要求所有的种植户进行生产记录，并将地其作为产品质量控制措施之一。

2. 培训情况记录

在无公害农产品生产管理过程中，申请人应对本单位管理人员、技术人员有针对性地开展质量安全意识、质量管理知识、生产技术知识等方面的培训。培训记录应当包括培训时间、培训地点、培训的内容、授课人、参加人员和培训结果考核等情况。

3. 产品检验记录

在无公害农产品认证中，要求所有申报产品都必须按照相关规定经过农业部农产品质量安全中心委托的产品检验机构进行抽检，提供产品检验报告。除此之外，有些申请人为了保证自身的产品质量安全，在内部制定的质量控制措施中设立了产品检验制度，在每批产品上市前都进行抽样检验。申请人应当详细记录每次自检的情况，包括检验时间、抽样比例、抽样范围、检验结果、处理措施等内容。

4. 产品销售记录

虽然在无公害农产品认证申报材料中，没有要求申请人提供所申报产品的销售记录，但当产品出现质量安全问题时，产品销售记录是进行产品追溯的一个重要依据，因此，作为申请人，应当进行产品销售记录。产品销售记录应当包括每批产品销售时间、销售量、销售去向等内容。

5. 初加工记录

如果申请人申报的是初级加工品，还应当对产品的初级加工情况进行详细的记录。初级加工生产情况应包括原料的来源，各种原料使用的比例，是否添加了食用添加剂，添加剂的来源及添加剂的比例，主要加工设施、工艺流程、检验员、检验项目、废污物处理情况等。如产品是委托其他加工厂进行初加工的，应记录加工厂的名称、地址及一些基本情况。

(三) 生产记录保存时间

《中华人民共和国农产品质量安全法》规定农产品生产记录应当保存两年。在《无公害农产品管理办法》中，没有对生产记录保存时间做出具体规定，但《无公害农产品产地认定证书》和《无公害农产品证书》有效期3年，并且完善的生产记录既有利于生产过程中技术的统一，也有利于品牌的打造，有利于质量安全问题的追溯，所以，无公害农产品（种植业产产品）生产记录应当保存3年。

第五节　无公害农产品标志

一、无公害农产品标志的作用及其意义

(1) 无公害农产品标志是由农业部和国家认监委联合制定

并发布，是加施于获得全国统一无公害农产品认证的产品或产品包装上的证明性标记。印制在包装、标签、广告、说明书上的无公害农产品标志图案，不能作为无公害农产品标志使用。

(2) 该标志的使用是政府对无公害农产品质量的保证和对生产者、经营者及消费者合法权益的维护，是国家有关部门对无公害农产品进行有效监督和管理的重要手段。因此，要求所有获证产品以“无公害农产品”称谓进入市场流通，均需在产品或产品包装上加贴标志。

(3) 标志除采用多种传统静态防伪技术外，还具有防伪数码查询功能的动态防伪技术。因此，使用该标志是无公害农产品高度防伪的重要措施。

二、标志图案涵义

无公害农产品标志基本图案及规格，见图1-1。

图1-1　无公害农产品标志基本图案及规格

标志图案由麦穗、对勾和无公害农产品字样组成，麦穗代表农产品，对勾表示合格、金色寓意成熟和丰收，绿色象征环保和安全。标志图案直观、简洁、易于识别，涵义通俗易懂。

三、无公害农产品标志的种类、规格、尺寸、单价和使用范围

无公害农产品标志的种类、规格、尺寸、单价和使用范围，见表1－7，图1－2至图1－6。

表1－7　无公害农产品标志种类规格

标志种类	规格	尺寸（mm）	单价（元/枚）	最低起订量（万枚）	使用范围
纸质刮开式标志	1号	19×25	0.02	8	加贴在无公害农产品上或产品包装上
	2号	24×32	0.035	4	
	3号	36×48	0.055	2	
锁扣刮开式标志	套	吊牌20×30 扣带2×150	0.055	1	主要应用于鲜活类无公害农产品
捆扎带标志	m	1 000×12	0.22	2 400m	用于需要进行捆扎的无公害农产品上
纸质揭开式标志	1号	10（直径）	0.008	22	可直接加贴在无公害农产品上或产品包装上
	2号	15（直径）	0.011	11	
	3号	20（直径）	0.02	7	
	4号	30（直径）	0.038	3	
	5号	60（直径）	0.15	0.7	
塑质揭开式标志	2号	15（直径）	0.011	11	加贴于无公害农产品内包装上或产品外包装上
	3号	20（直径）	0.02	7	
	4号	30（直径）	0.038	3	
	5号	60（直径）	0.15	0.7	

一号标19mm×25mm

二号标24mm×32mm

三号标36mm×48mm

图1－2　无公害农产品纸质刮开式标志

30mm×20mm

带长150mm

图1－3　无公害农产品锁扣刮开式标志

200mm×12mm

图1－4　无公害农产品捆扎带标志

注：捆扎带标志以卷为单位，每卷200m。

15mm×15mm

20mm×20mm

30mm×30mm

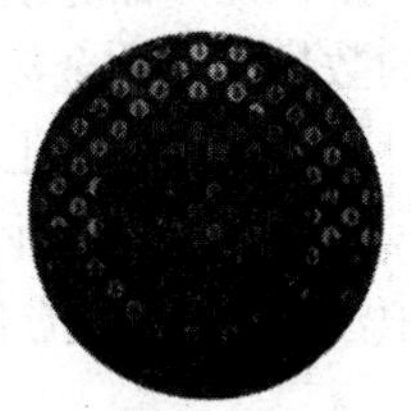

60mm×60mm

图1－5　无公害农产品塑质揭开式标志

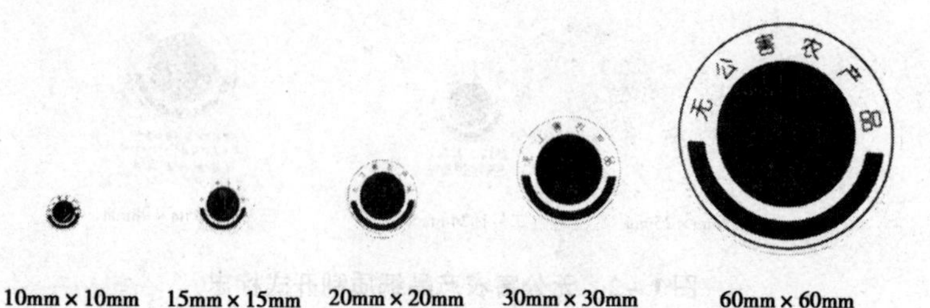

图 1 – 6　无公害农产品纸质揭开式标志

四、无公害标志征订

（一）标志申订资格

通过无公害农产品认证的单位和个人，方有资格申订使用标志。

（二）标志的申订步骤

第一步：选定标志种类和规格

对照标志样标和《无公害农产品标志种类规格明细表》，为每一个认证产品分别选定适合的标志种类和规格，并计算申订标志的数量及汇款金额。

第二步：银行汇款

通过银行向农业部农产品质量安全中心汇款订标。在汇款附言中注明申订单位名称及汇款用途（即：× ×单位无公害标志）。

第三步：填写征订表

逐项填写《无公害农产品标志征订表》。征订表可复印，也可从《中国农产品质量安全网》（网址 www. aqsc. gov. cn）首页下载。填写完成的征订表需加盖单位公章。

第四步：发送传真或电子邮件

将标志征订表与银行汇款凭证复印件同时传真或发邮件至农

业部农产品质量安全中心。

第五步：网上查询信息

标志征订表和银行汇款凭证复印件提交农业部农产品质量安全中心两周后，可在《中国农产品质量安全网》查询标志征订款到账情况、标志印制安排、无公害农产品证书发放、企业发票开具及邮寄情况，标志征订款确认到账20个工作日后可查询标志运输情况。查询网址：中国农产品质量安全网→无公害农产品标志征订→无公害农产品标志申订进展情况查询（http://www.aqsc.agri.gov.cn/wghncp/bszd/201306/t20130621_111878.htm）

五、标志使用、监督与处罚

（1）无公害农产品证书有效期为3年。使用无公害农产品标志的单位和个人，应在无公害农产品证书规定的产品范围和有效期内使用，不得超范围和逾期使用，不得买卖和转让标志。

（2）标志使用者应建立标志使用管理制度，对标志的使用情况如实记录，登记造册并存档，存期3年，以备后查。

（3）标志的使用需接受县级以上人民政府农业行政主管部门、质量技术监督部门以及无公害农产品工作机构和农业部农产品质量安全中心的监督、管理和检查。对不按规定使用标志的单位和个人，农业部农产品质量安全中心将暂停或撤销其无公害农产品证书及标志使用权。

（4）任何伪造、变造、盗用、冒用、买卖和转让标志的单位和个人，按照国家有关法律法规的规定予以行政处罚，构成犯罪的，依法追究其刑事责任。

（5）任何单位和个人发现任何违反使用规定的，有向国家有关部门（农业部、国家认监委和农业部农产品质量安全中心）举报的权利和义务。

（6）从事无公害农产品标志管理的工作人员滥用职权、徇私舞弊、玩忽职守，由所在单位或者所在单位的上级行政主管部门给予行政处分；构成犯罪的，依法追究刑事责任。

六、标志的防伪及查询

刮开标志的表面涂层或揭开标志的揭露层，可以看到16位防伪数码，通过手机或计算机输入16位防伪数码查询，不但能辨别标志的真伪，而且能了解到使用该标志的单位、产品、品牌及认证单位的相关信息。在无公害农产品证书的有效期内均可查询。查询方式有两种：

（一）短信查询

中国移动、中国联通、中国电信用户，可将16位防伪数码以短信形式从左至右依次输入手机，发送到1066958878，3秒钟左右，手机会收到以下回复信息：

您所查询的是××公司（企业）生产的××牌××产品，已通过农业部农产品质量安全中心无公害农产品认证，是全国统一的无公害农产品标志。

（二）互联网查询

点击《中国农产品质量安全网》（网址 www. aqsc. gov. cn）的“防伪查询”栏目，在防伪码填写框内输入16位防伪数码，确认无误后按“查询”键，即可迅速得到查询结果。

第二章　无公害农产品认证

无公害农产品认证源于农业部2002年实施的“无公害食品行动计划”，始于2003年。当年，为了配合“无公害食品行动计划”的顺利实施，经中央机构编制委员会办公室批准成立，国家认证认可监督管理委员会批准登记，农业部正式成立农业部农产品质量安全中心（以下简称“部中心”），承担全国无公害农产品认证工作。实施无公害农产品认证，是我国强化农产品质量安全管理的重要标志，对于促进农户、企业和其他组织提高生产与管理水平，从源头上确保农产品质量安全，保障消费安全，建设和谐社会意义十分重大。部中心按照统一标准、统一标志、统一认证、统一管理、统一监督的原则，组织开展了全国统一的无公害农产品认证工作。

第一节　无公害农产品申报和认证

“民以食为天，食以安为先”。人们每天消费的食物，有相当多的部分是直接来源于农业的初级产品，因此农产品的质量安全，直接关系着大家的身体健康和生命安全，关系着社会稳定和经济发展。农产品质量安全问题已引起全世界的广泛关注，成为农业生产中必须解决的新课题。中国是个农业大国，农业是国民经济的基础。面对13亿人口，保障农产品数量安全是社会稳定的基础。在保证农产品数量安全的前提下，开展无公害农产品认证，全面提高老百姓日常生活离不开的“菜篮子”和“米袋子”

产品质量安全水平，逐步满足农产品由数量型向质量型转变的新的发展要求，符合中国农业、农村经济发展的要求，另外，由于我国农村经济发展相对落后，农业基础薄弱，农民受教育的程度和水平不高，生产技术水平和科技意识较低，所以，无公害农产品的认证，是由政府推动开展的，实行免费认证，是政府的一项保民生抓民心的重要举措。无公害农产品是政府推出的一种确保农产品生产规范和消费安全的公共品牌，是农业部门在农产品质量安全方面的一个重要推动载体和管理绩效显示平台，代表着农业部门对农产品质量安全的一个基本法制管理要求和基本市场准入标准。

一、认证方式

无公害农产品认证采取产地认定与产品认证相结合的模式，运用了从“农田到餐桌”全过程管理的指导思想，打破了过去农产品质量安全管理分行业、分环节管理的理念，强调以生产过程控制为重点，以产品管理为主线，以市场准入为切入点，以保证最终产品消费安全为基本目标。产地认定主要解决生产环节的质量安全控制问题；产品认证主要解决产品安全和市场准入问题。无公害农产品认证的过程是一个自上而下的农产品质量安全监督管理行为，产地认定是对农业生产过程的检查监督行为，产品认证是对管理成效的确认，包括监督产地环境、投入品使用、生产过程的检查及产品的准入检测等方面。无公害农产品产地认定由省级农业行政主管部门根据《无公害农产品管理办法》的规定负责组织实施本辖区内无公害农产品产地的认定工作；无公害农产品产品认证由农业部农产品质量安全中心负责管理和推动。

产地认定和产品认证合格后，分别由省级农业行政主管部门和农业部农产品质量安全中心颁发无公害农产品产地认定证书和

无公害农产品认证证书，并允许使用无公害农产品标志。合格标志是由农业部和国家认证认可监督管理委员会联合制定并发布的，是加施于获得无公害农产品认证的产品或者其包装上的证明性标记，它的使用与管理是农产品认证工作的重要环节和具体体现。与此同时，无公害农产品标志，为农产品的生产者、消费者和管理者提供了一个互动界面，确立了一个大家共同追求的目标值，是中国农产品质量安全方面的一个管理品牌。进一步说，无公害农产品标志是一个重要的质量安全管理载体，为农产品执法监督和市场准入提供了一个重要的技术依据，同时，也是农产品质量安全状况最为直接的表现形式和表达方式，是广大消费者选择的重要凭证，是政府维护生产者、经营者和消费者合法权益的重要措施，也是国家有关部门对无公害农产品进行有效监督和管理的最为重要手段。

二、认证机构

农业部农产品质量安全中心根据自身职能，为满足无公害农产品工作的需要，在农业部的领导下，在农业部有关单位和各省级农业行政主管部门的支持配合下，努力规范工作程序，健全工作机构，逐步形成了相对完善的无公害农产品认证的组织机构。农业部农产品质量安全中心内设办公室、技术处、审核处、监督处、地标处五个处室；下设种植业产品、畜牧业产品、渔业产品 3 个分中心。地方工作机构中省级农业行政主管厅（局、委、办）已明确无公害农产品省级工作机构 66 个；2/3 以上的市和 50% 的县（市）明确了专门的无公害农产品工作机构。

各机构在认证工作中的职责：

1. 农业部农产品质量安全中心（包括 3 个分中心）

重点抓好无公害农产品认证工作规划计划、组织协调、审批发证、标志管理、监督检查。

2. 地方工作机构

包括省级工作机构、地县工作机构。省级工作机构的工作重点是抓好产地认定、产品检测、认证初审、标志推广、监督抽查；地县两级工作机构的工作重点是抓好宣传动员、组织申报、技术指导、技术培训，具体承担实施现场检查与认证后的日常监督管理。

3. 产品认证评审委员会

评审委员会在农业部农产品质量安全中心的组织和领导下，承担无公害农产品的技术评审工作，保证无公害农产品评审工作的科学、公正、规范。评审委员会成员由农业部有关方面领导、相关专业的技术专家及质量管理专家等组成。其主要职责是：负责制（修）订无公害农产品认证评审工作原则；审议中心提交的认证报告，作出认证结论性的，对认证工作提出意见和建议。

4. 产地认定委员会

产地认定委员会在省级农业行政主管部门的组织和领导下，承担无公害农产品产地认定的终审工作，保证无公害农产品产地认定工作的科学、公正、规范。其主要职责是：负责制（修）订无公害农产品产地认定实施细则；负责产地认定材料的全面终审，作出认定结论；对产地认定工作提供智力支持和技术支撑。

5. 产地环境检测机构

承担无公害农产品产地认定中的产地环境检测与评价任务；及时准确出具产地环境检测报告和产地环境现状评价报告。

6. 无公害农产品检测机构

承担申报产品的抽样和检验任务；承担无公害农产品年度抽检任务；依照法律、法规、无公害农产品标准及有关规定，客观、公正地出具检验报告。

三、认证程序

1. 申请人申报

申请人备齐相关申请材料后，向所在地县级工作机构提出产地认定和产品认证申请。

2. 县级工作机构受理

县级工作机构自收到申请之日起10个工作日内，负责完成对申请人申请材料的形式审查。符合要求的，在《无公害农产品产地认定与产品认证报告》（以下简称《认证报告》）签署受理意见，连同申请材料报送市级工作机构审查。不符合要求的，书面通知申报人整改、补充材料。

3. 市级工作机构推荐

市级工作机构自收到申请材料、县级农业行政主管部门的推荐意见之日起15个工作日内，对全套申请材料进行符合性审查，符合要求的，在《认证报告》上签署推荐意见（北京、天津、重庆等直辖市和计划单列市以及省管县地区的市级工作合并到县级一并完成），报送省级工作机构。不符合要求的，书面告之县级工作机构通知申请人整改、补充材料。

4. 省级工作机构初审

省级工作机构自收到申请材料及县、市两级工作机构推荐、审查意见之日起20个工作日内，应当组织或者委托市县两级有资质的检查员按照《无公害农产品认证现场检查工作程序》进行现场检查，完成对整个认证申请的初审，并在《认证报告》上提出初审意见。通过初审的，报请省级农业行政主管部门颁发《无公害农产品产地认定证书》，同时，将申请材料，《认证报告》和《无公害农产品产地认定与产品认证现场检查报告》及时报送部直各业务对口分中心复审。未通过初审的，书面告之市县级工作机构通知申请人整改、补充材料。

5. 专业分中心复审

专业认证分中心自收到申请材料及推荐、审查、初审意见之日起20个工作日内，完成认证申请的复审工作，并在《认证报告》上提出复审意见，必要时可组织实施现场核查。通过复审的，将整套材料报送农业部农产品质量安全中心。未通过复审的，书面告之省级工作机构通知申请人整改、补充材料。

6. 部中心终审

农业部农产品质量安全中心自收到复审通过材料之日起20个工作日内，根据认证申请情况和初审、复审情况及时报请中心领导审定，组织召开评审委员会进行专家综合评审，评审通过的，报请中心领导审定审核颁发《无公害农产品证书》，未通过评审的，书面告之专业分中心通知申请人整改、补充材料。

四、认证要求

（一）申请条件

1. 产品范围

申请无公害农产品认证的产品，应在农业部公布的《实施无公害农产品认证的产品目录》内。

2. 申请主体资质

无公害农产品认证申请主体应当具备国家相关法律法规规定的资质条件，具有组织管理无公害农产品生产和承担责任追溯的能力（乡镇人民政府、村民委员会和非生产性的农技推广、科学研究机构除外）。

3. 生产规模

无公害农产品产地应集中连片、产品相对稳定，并具有一定规模。根据《无公害食品 产地认定规范》（NY/T 5343—2006），种植业生产规模宜为：粮油作物66.7hm^2以上，露地蔬菜10hm^2以上，设施蔬菜5hm^2以上，茶、果10hm^2以上，食用苗10 000m^2

以上。畜牧业生产规模宜为：蛋用禽存栏3 000羽以上，肉用禽年出栏6 000羽以上。生猪年出栏600头以上，肉牛年出栏200头以上，奶牛存栏60头以上，羊存栏180只以上。渔业生产规模宜为：湖泊面积$20hm^2$以上，池塘面积$2hm^2$以上，工厂化养殖水体5 $000m^3$以上。各地可依据当地的自然条件、生产组织程度以及生产技术条件实际情况自行核定基地规模。自然条件好、生产组织程度高、生产技术条件好的地区，可适当扩大产地规模的要求。

4. 产地环境

农产品生产与产地环境密切相关，良好的产地环境是无公害农产品生产的先决条件和基本保证。产地的合理选择是防止农产品污染、切断环境中有毒有害物质进入食物链的关键措施。生产无公害农产品必须按照农业可持续发展的理念，对产地环境条件进行特别的规定和限制，从而建立起农产品安全生产保证体系。

无公害农产品产地应选择在具有良好农业生态环境的区域，达到空气清新、水质清净，土壤未受污染。周围及水源上游或产地上风向一定范围内应没有对产地环境可能造成污染的污染源，尽量避开工业区和交通要道，并要与交通要道保持一定的距离，以防止农业环境遭受工业“三废”、农业废弃物、医疗废弃物、城市垃圾和生活污水等的污染。一般要求，产地周围3km、上风方向5km范围内没有污染企业，蔬菜、茶叶、果品等产地应远离交通主干道100m以上。畜禽养殖场距居民区500m以上。产地生产两种以上农产品且分别申报无公害农产品产地的，其产地环境条件应同时符合相应的无公害农产品产地环境条件要求。无公害农产品产地环境必须经有资质的检测机构检测，灌溉用水(畜禽饮用、加工用水)、土壤、大气等符合国家无公害农产品生产环境质量要求。

5. 生产过程

（1）管理制度。无公害农产品产地应有能满足无公害农产品生产的组织管理机构和相应的技术、管理人员，并建立无公害农产品生产管理制度，明确岗位、职责。生产管理制度要上墙公布，并检查落实情况。

（2）生产规程。无公害农产品产地的生产过程控制应参照无公害食品相应标准，并结合本产地生产特点，制定详细的无公害农产品生产质量控制措施和生产操作细则。产地生产质量控制措施包括组织措施、技术措施、产品检测措施、产地环境保护措施等。

（3）农业投入品使用。按无公害农产品生产技术规程（规范、准则）要求使用农业投入品（农药、兽药、肥料、饲料、饲料添加剂、生物制剂等），实施农（兽）药停（休）药期制度。严禁使用“三证”不全和国家禁用、淘汰的农业投入品，控制限用农药的使用范围。

（4）动植物病虫害监测。无公害农产品产地应定期开展动植物病虫害监测，并建立动植物病虫害监测报告档案。畜牧业产地按《动物防疫法》要求实施动物免疫程序和消毒制度等。

（5）生产记录档案。对生产过程及主要措施、产品收获、贮藏、运输、销售等建立档案记录。对农业投入品使用应建立详细记录，内容包括品种、规格、使用方式、时间、浓度和停（休）药期等。企业（行业协会等）加种（养）户形式的申请人应制定产地管理制度，并与种（养）户签订无公害农产品生产技术指导协议和产品购销协议。

（6）生产管理培训。严格的内部管理和熟悉质量安全的内检人员，是无公害农产品质量安全最基础的保障。申请单位应当选派人员参加内检员培训，合格获证后方可组织申报。

6. 产品质量

生产的农产品质量必须符合无公害食品标准和无公害农产品检测目录规定要求。

（二）申报材料

部中心于2009年印发了《无公害农产品认证申报材料要求》，分首次认证、扩项认证和复查换证等3种申报类型，并明确和细化了材料要求。2011年7月，为适应农业发展的形势需要，实现无公害农产品认证与现代农业示范区和标准化生产示范园（场）建设等工作的有机衔接，对条件符合的申请主体，允许将最近3年计划种植（养殖）所有产品的认证由过去的需要多次申报调整为一次申报的整体认证。现行无公害农产品认证分4种类型，即首次认证、扩项认证、整体认证和复查换证。

1. 首次认证申报材料要求

首次认证申报是指该产地没有进行过产地认定和产品认证，第一次提出产地认定和产品认证申请。需要提交《无公害农产品产地认定与产品认证申请书》、国家法律法规规定申请者必须具备的资质证明文件、生产质量控制措施、生产操作规程、《产地环境检测报告》和《产地环境现状评价报告》或《产地环境调查报告》《无公害农产品内检员证书》最近生产周期使用农药（兽药、渔药）的生产记录、《无公害农产品产地认定与产品认证现场检查报告》《产品检验报告》等。

2. 产品扩项认证申报材料要求

扩项认证申报是指申请人已经进行过产地认定和产品认证，由于生产上的调整，要在该产地上增加或变更种植（养殖）产品，对增加或变更的种植（养殖）产品进行无公害农产品认证为扩项认证申请。需要提交《无公害农产品产地认定与产品认证申请书》、无公害农产品生产操作规程、《无公害农产品内检员证书》、最近生产周期使用农药（兽药、渔药）的生产记录、

《无公害农产品产地认定与产品认证现场检查报告》《产品检验报告》《无公害农产品产地认定证书》、已获证产品的《无公害农产品证书》等。

3. 整体认证申报材料要求

申请整体认证的主体，除具备本节“（一）申请条件”的规定条件外，必须具有以下条件：①申请人应具有集体经济组织、农民专业合作社或企业等独立法人资格。②生产基地应集中连片，产地区域范围明确，产品相对稳定，具有一定的生产规模。③由法定代表人统一负责生产、经营、管理，建立了完善的投入品管理（含当地政府针对农业投入品使用方面的管理措施）、生产档案、产品检测、基地准出、质量追溯等全程质量管理制度。④近3年内没有出现过农产品质量安全事故。

整体认证申请除按“首次认证申报材料要求”需要提交材料外，还要提交土地使用权证明、3年内种植（养殖）计划清单、生产基地图等3份材料。其中《无公害农产品产地认定与产品认证申请书》封面的材料编号在原编号基础上加后缀“ZT”，申报类型选择整体认证。申报时可收获产品按照现行抽样检测原则提交产品检验报告，对尚未生产的产品，要在产品上市前依据同样的原则进行补充检测，补充检测的产品检测结果报省级工作机构审核并留存。

4. 复查换证申报材料要求

已获得无公害农产品产地认定和产品认证的申请人，在证书有效期满，需要继续使用证书的，必须按规定时限和要求提出复查换证申请，经确认合格准予换发新的无公害农产品产地或产品证书。复查换证分为正常复查换证和便捷式复查换证两种形式。

（1）正常复查换证。需要提交《无公害农产品产地认定与产品认证复查换证申请书》《无公害农产品内检员证书》、最近生产周期使用农药（兽药、渔药）的生产记录、《产品检验报

告》或省工作机构依据有关规定开展复查换证时，根据现场检查情况出具合格的《现场检查报告》、原《无公害农产品产地认定证书》、原《无公害农产品认证证书》等。

（2）便捷式复查换证。为推进无公害农产品事业又好又快发展，根据无公害农产品到期复查换证工作出现的新情况和新要求，部中心规定对在无公害农产品证书有效期内产品质量稳定、从未出现过质量安全事故的无公害农产品，在证书有效期满申请复查时推进便捷式换证手续。需要提交《无公害农产品复查换证信息登录表》《无公害农产品内检员证书》及《无公害农产品产地认定与产品认证复查换证申请和审查报告》等。

（三）申报程序

申请人可以直接向所在县级农产品质量安全工作机构（简称“工作机构”）提出无公害农产品产地认定和产品认证申请，并提交规定材料，并按“县级－市级－省级－部直分中心－部中心”环节逐级上报。便捷式复查换证流程为：申请人—县级工作机构—市级工作机构—省级工作机构—部中心。

五、申请人应提交的材料

（一）首次申报材料要求

①《无公害农产品产地认定与产品认证申请书》；

②附报材料目录（含页码）；

③国家法律法规规定申请者必须具备的资质证明文件；

④《无公害农产品内检员证书》；

⑤无公害农产品生产质量控制措施；

⑥无公害农产品生产操作规程；

⑦最近生产周期使用农药（兽药、渔药）的生产记录；

⑧《产地环境检验报告》和《产地环境现状评价报告》或者《产地环境调查报告》或者《产地认定证书》；

⑨《产品检验报告》;

⑩与合作农户签署的含有产品质量安全管理措施的合作协议和农户名册（包括农户名单、地址、种植或养殖规模）;

⑪其他材料（可按提交时间顺序依次装订）。

（二）正常复查换证申报材料要求

①《无公害农产品产地认定与产品认证复查换证申请书》;

②《无公害农产品内检员证书》（复印件）;

③最近生产周期使用农药（兽药、渔药）的生产记录（复印件）;

④符合规定要求的《产品检验报告》或省工作机构依据有关规定开展复查换证时，根据现场检查情况出具合格的《现场检查报告》;

⑤原《无公害农产品产地认定证书》（复印件）;

⑥原《无公害农产品产品认证证书》（复印件）。

（三）便捷式复查换证申报材料要求

①《无公害农产品复查换证信息登录表》;

②《无公害农产品内检员证书》（复印件）;

③《无公害农产品产地认定与产品认证复查换证申请和审查报告》。

（四）有关申报材料说明

（1）农药（兽药、渔药）生产记录应当含有药品名称、用量、防治对象、使用和停用日期、收获（屠宰或者捕捞）日期等内容。其他生产记录所使用农药（兽药、渔药）的标签或购买凭证要按照《农产品质量安全法》的要求，在现场检查中检查并在《现场检查报告》中注明检查情况。

（2）以个人名义申请无公害农产品产地认定产品认证的，为便于统计管理，申请人名称统一按“人名（省份+地点+**种植或养殖基地）格式要求填写。

(3) 原《无公害农产品产地认定与产品认证申请书》的表五、表七中的饲料、兽药和渔药及其他化学剂“名称”一栏填写“通用名称”，饲料添加剂的“名称”一栏填写“产品名称”，“执行标准和登记证号（或批准文号）”一栏填写“生产合格证号和批准文号”。

（五）装订要求

①申请人提交的材料和工作机构的认证报告材料分别独立装订。

②申报材料统一采用A4纸型填写、打印或复印。

③申请人提交材料装订统一以《无公害农产品产地认定与产品认证申请书》的封面作为封面。

④材料统一采用骑马钉、胶钉或者线钉的方式左侧装订。

第二节　无公害农产品监督管理

无公害农产品监督管理是依据相关法规和标准等文件，对无公害农产品产地环境、产品质量、证书及标志的使用、受托检测机构的检测行为、认证机构的服务质量等进行有计划、有重点的检查、督促和管理工作。

一、获证产地监督

（一）产地标志牌管理

获证单位应在其无公害农产品产地树立无公害农产品标示牌，并标明范围、产品品种、主要安全生产措施、责任人等，以便接受社会和群众的监督。各级农业行政主管部门或工作机构负责对所树立的无公害农产品标示牌及标示产地时行监督检查，实行农产品质量安全全程控制和质量安全追溯制度。任何单位和个人不得随意树立无公害农产品产地标示牌。对违反规定的，由县级以上农业行政主管部门责令其停止，并依据有关法律法规进行处理。

（二）产地检查

县级以上农业行政主管部门和无公害农产品工作机构通过采取产地抽检和实地检查等方式开展本地区、本行业无公害农产品产地环境和生产过程监督管理工作。产地抽检是对已认定的产地状况和产品质量进行监督抽检，实地检查指检查组对产地环境质量、区域范围、生产记录、证书有效性、投入品使用、生产操作规程及相关标准的执行等情况进行的综合评价。

各地每年至少应当对30%的无公害农产品产地实施环境检测或实地检查，农业部农产品质量安全中心定期对无公害农产品产地状况开展抽查。

（三）产地证书的管理

根据《无公害农产品管理办法》的规定，任何单位和个人不得伪造、冒用、转让、买卖无公害农产品产地认定证书。违反规定的，由县级以上农业行政主管部门责令其停止，并依据有关法律、法规进行处理。

获得无公害农产品产地认定证书的单位或个人有下列情形之一的，由省农业主管部门或工作机构予以警告，并责令限期改正：

（1）无公害农产品产地被污染或者产地环境达不到标准要求的。

（2）无公害农产品产地农业投入品的使用不符合无公害农产品相关标准要求的。

（3）擅自扩大无公害农产品产地范围的。

有下列情形之一的，由省级农业行政主管部门撤销其无公害农产品产地认定证书。

①被予以警告的产地逾期未改正；

②该产地生产的产品在质量抽检中检出禁用药物。

二、获证产品质量监督

目前，获证产品质量监督主要采取质量抽检和综合检查两种形式。

(一) 质量抽检

各级无公害农产品工作机构每年组织无公害农产品质量抽检，年度抽检按照“统一抽检产品，统一部署实施，统一检验标准和方法，统一判定原则，统一汇总口径”的原则开展。对抽检不合格产品的单位，依据相关规定作出撤销证书或限期整改的处理。此外，各级无公害农产品工作机构根据产品质量监测信息和农产品质量安全预警工作需要，快速安排有针对性的产品质量临时抽检，及时消除质量安全隐患。

(二) 综合检查

由各级无公害农产品工作机构组织实施，采取实地检查、查阅资料、座谈质询等方式，对本辖区、本行业无公害农产品获证单位农产品批发市场（或超市）进行检查。检查内容包括无公害农产品认证管理及生产经营的各个环节，重点检查无公害农产品认证管理有效性、生产经营规范性、产品质量安全性和包装标志合法性。

三、产品证书及标志监督管理

(一) 产品证书的监督管理

获证单位应当在产品包装、广告、宣传等活动中正确使用证书和有关信息。对不符合使用和认证要求的，农业部农产品质量安全中心将暂停或者撤销其证书，并予以公布。对撤销的证书予以收回。

1. 证书的暂停

有下列情况之一的，农业部农产品质量安全中心将暂停其使用证书，并责令限期改正：

（1）生产过程发生变化，产品达不到无公害农产品标准要求的；

（2）经检查、检验、鉴定，不符合无公害农产品标准要求的。

2. 证书的撤销

获得产品证书的，有下列情况之一的，农业部农产品质量安全中心将撤销其证书：

（1）擅自扩大无公害农产品标志使用范围；

（2）转让、买卖证书和无公害农产品标志；

（3）产地认定证书被撤销；

（4）被暂停产品证书未在规定期限内改正的；

（5）获证产品在质量抽检中检出禁用药物的；

（6）情节严重的伪造、变造无公害农产品标志行为。

（二）标志的监督管理

农业部和国家认证认可监督管理委员会对标志的有关活动实行统一监督管理。县级以上地方人民政府农业行政主管部门和质量技术监督部门按照职责分工依法负责本行政区域内标志的监督检查工作。

农业部农产品质量安全中心负责向申请使用标志的单位和个人说明标志的管理规定，并指导和监督其正确使用标志；负责建立标志发放出入库管理制度；负责向农业部和国家认证认可监督管理委员会报送标志使用情况。

标志使用者应当在证书规定的产品范围和有效期内使用标志，不得超范围和逾期使用，不得买卖和转让；应当建立标志使用的管理制度，对标志的使用情况如实记录，登记造册并存档，存期两年，以备后查。

标志印制单位应当按照《无公害农产品标志管理办法》规

定的基本图案、规格和尺寸印制标志；应当建立标志出入库制度，标志出入库时，应当清点数量，登记台账并存档，期限五年；对非、残、次标志应当进行销毁，并予以记录；不得向农业部农产品质量安全中心以外的任何单位和个人转让标志。

从事标志管理的工作人员滥用职权、徇私舞弊、玩忽职守，由所在单位或者所在单位上级行政主管部门给予行政处分；构成犯罪的，依法追究刑事责任。

任何伪造、变造、盗用、冒用、买卖和转让标志的行为，按照国家有关法律法规的规定予以处理，构成犯罪的，依法追究刑事责任。

四、申（投）诉处理

无公害农产品申（投）诉受理范围包括存在异议的无公害农产品认证结论，无公害农产品产品质量安全事件和隐患以及相关责任部门、单位、人员不履行或者不按规定履行无公害农产品认证管理职责的行为。农业部农产品质量安全中心负责申（投）诉的受理，并组织有关部门实施调查、复查及相关处理工作。

第三章　无公害农产品安全生产技术

第一节　种植业类

一、无公害小麦生产技术

无公害小麦生产技术包括选择合适的产地、优良的品种、整地、种子处理、施肥、科学防治病虫害和适时收获入仓等技术，其中，核心技术是肥料的使用和病虫害的防治。施肥以增施有机肥为主，要农化结合、氮、磷、钾肥配施，最大限度地控制化肥用量，严禁使用高毒、高残留农药，同时，防止收、贮、销过程中的二次污染。

（一）产地选择

生产基地应远离主要交通干线，周边 2km 内没有污染源（如工厂、医院等），产地环境符合农业部发布的无公害农产品基地大气环境质量标准、农田灌溉水质标准及农田土壤标准。种植区土壤应具有较高的肥力和良好的土壤结构，具备获得高产的基础。具体的适宜指标为土壤容重在 1.2g/cm^3 左右，土壤耕作层空隙度在 50% 以上，有机质含量 1% 以上。

（二）栽培技术

1. 播种期管理

（1）精细整地。播前要按照“早、深、净、细、实、平”标准，及早腾茬、灭茬，高标准、高质量整地。耕层要达到 23cm 以上，犁细耙透，上虚下实，地面平坦，无明暗坷垃，以

提高土壤保水保肥能力和通透性能。

(2) 施足底肥。按照“有机肥和无机肥相结合，氮、磷、钾、微肥相补充”的原则，进行优化配方施肥。宜使用的优质有机肥有堆肥、厩肥、腐熟人畜粪便、绿肥、腐熟的作物秸秆、饼肥等。允许限量使用的化肥及微肥有尿素、碳酸氢铵、硫酸铵、磷肥（磷酸二铵、过磷酸钙、钙镁磷肥等）、钾肥（氯化钾、硫酸钾等）、Cu（硫酸铜）、Fe（氯化铁）、Zn（硫酸锌）、Mn（硫酸锰）、B（硼砂）等。每亩施优质粗肥600～1 000kg，纯氮18～30kg（折合尿素13～66kg或碳铵105～180kg），五氧化二磷6～8kg（折合含磷12%的普通过磷酸酸钙50～75kg）、氧化钾5kg（折合硫酸钾9～9. 5kg）、锌肥1～1. 5kg，其他微量元素适量。

(3) 土壤和种子处理。每亩用3%的甲拌磷颗粒剂1. 5～2kg进行土壤处理，以防治金针虫、地老虎、蛴螬等地下害虫。用2. 5%的适乐时种子包衣剂包衣（或拌种），以防治纹枯病、根腐病、全蚀病等土传根部病害。

(4) 播期播量。一般半冬性品种播期为10月5—15日，弱春性品种播期为10月15—25日。应采用精播半精播技术、机械化播种。一般半冬性品种播量5～7kg/亩，弱春性品种播量7～9 kg/亩。

2. 苗期管理

(1) 查苗补种、疏苗补缺、破除板结。小麦出苗后，及时进行田间苗情检查，对缺苗（株距达5cm以上）断垄的地方，及时进行补苗。在小麦播种至出苗期间，如遇到降水，待地面干燥后及时松土，破除板结，促进种子及早萌发、出苗。

(2) 灌冬水。当土壤水分含量低于田间最大持水量的55%时应及时灌水。灌水时间在日平均气温稳定在3～4℃时进行为宜。

3. 中期管理

（1）起身期。在起身初期应进行划锄，以增温、保墒、促进麦苗生育。对于麦田杂草应结合划锄进行清除，尽量避免使用化学除草剂，减少药剂的污染。必须使用化学除草剂时，一定要选用高效易分解的低残留类型药剂，且严格控制药剂用量。

（2）拔节期。结合春季第1次肥水重施拔节肥，每亩普施尿素6～7kg。红蜘蛛发生地块可用0.9%阿维菌素5 000倍液或20%扫螨净20g/亩及时进行防治。

（3）孕穗期。此期是小麦一生叶面积大、绿色部分最多的时期。从发育上看，幼穗分化处于四分体形成期，部分分化的小花开始向两极分化，是需水的临界期。因此，应保证该期土壤中具有充足的水分，土壤含水量低于该生育期适宜的水分含量指标（田间最大持水量的70%）时要及时灌溉。对叶色发黄、有脱肥现象的麦田可酌量补施适量氮肥，一般用量控制在氮素2～3kg/亩。白粉病病株率达20%～30%时、锈病病叶率达2%以上时，用12.5%禾果利20～40kg/hm^2 或粉锈宁有效成分7～10g/亩，对水750kg，进行常规喷雾。小麦吸浆虫，每小土样（10cm×10cm×20cm）有虫2头以上时进行防治，可用33.5%甲敌粉或4.5%甲基异柳磷粉拌土均匀撒施于麦垄。小麦扬花期如气象预报有3天以上连阴雨天气，应在雨前喷施12.5%禾果利1.5g/亩或40%的多菌灵50～80g/亩，预防小麦赤霉病。

4. 后期管理

（1）浇好灌浆水。当麦田土壤水分含量低于适宜的指标（田间最大持水量的65%）时要及时灌水，以延长叶片功能期，增加粒重。灌水应根据苗情及天气情况掌握好灌水时间和灌水量。

（2）叶面喷肥。搞好叶面喷肥可以加速该期光合产物及后期营养器官中的贮藏物质向籽粒中运转，使小麦生育后期仍保持

一定的营养水平，以延长叶片功能，提高根系活力。具体方法是用2%～3%的尿素溶液，于17：00后无风天气条件下喷施40～50kg/亩。对于抽穗期叶色浓绿、发黑不易转色的麦田，可喷施0.3%～0.4%的磷酸二氢钾溶液40～50kg/亩。为避免叶面喷肥对籽粒造成污染，喷施时间应严格控制在小麦收获20天以前进行，如喷施期距收获不足20天严禁使用。

（三）病虫草害综合防治技术

1. 科学防治杂草

采用机条播、深耕，施用腐熟肥料，精选麦种，并结合中耕进行人工除草，另外，要根据草情进行化学除草，以阔叶杂草为主的田块使用巨星、好事达等高效低毒无残留农药，以禾本科为主的田块使用骠马、骠灵等高效低毒无残留农药。

2. 综合防治病虫害

病虫害防治要坚持“预防为主，综合防治”的原则。在生物防治上要保护天敌，利用和释放天敌控制有害生物发生，进行以虫治虫，以菌治虫。在物理防治上采取黑光灯、振频、杀虫灯等装置诱杀麦叶蜂、黏虫、蚜虫等，在综合防治的基础上加强病虫的预测预报，科学使用农药。

（1）播种期。主要防治地下害虫、黑穗病、全蚀病及白粉病。防治措施：①选用抗病虫的品种和无病菌种子：小麦黑穗病易发区，留种地选用无病地、播无病种、施无病肥、单收单打。散黑穗病区的留种地要远离生产麦田。白粉病发生区宜选用郑农16、豫麦47、郑麦9023、豫麦54、豫麦49等。②药剂拌种：在小麦黑穗病易发区，用25%的粉锈宁可湿性粉剂7g拌小麦种子100kg或50%多菌灵200g拌小麦种子100kg，拌匀后堆闷2～3h，也可用种子重量的0.2%～0.3%的70%的托布津拌种或闷种。也可采用石灰水浸种，方法是用生石灰0.5kg对水50kg浸麦种30kg，浸种时水面要高出种子面7～10cm，播前20～25℃下浸种

2～4 天，浸种时气温越高，浸种时间越短。浸种时不要搅拌，捞出后晾干播种。在小麦黑穗病和地下害虫混发区，可采用杀菌剂和杀虫剂混合拌种。方法是用 50% 的 1605 乳油 0.05 kg 加 25% 多菌灵 150～200ml，混匀后喷洒在 50kg 种子上，堆闷 3h 晾干播种。小麦病毒病和地下害虫混发区，可用 40% 乐果乳油 0.5kg加水 25kg 拌种 400～500kg 兼治传毒昆虫和地下害虫。

（2）秋苗期。主要防治小麦丛矮病和地下害虫。防治措施：①防治小麦矮丛病：对于小麦收获后再种植夏粮作物的回茬麦田，要清除田边、地头和地边的杂草，压低传毒昆虫的虫源，重病麦田在出苗率达 50% 左右时，用乐果、甲胺磷等有机磷杀虫剂沿地边向田里喷 7～10m 的保护带；对于间作套种麦田，要全田施药防治。②防治地下害虫：对地下害虫发生严重的麦田，每公顷麦田用辛硫磷 240g，对水 750g，顺麦垄浇灌即可。

（3）返青拔节期。重点防治麦田杂草、小麦矮丛病和红蜘蛛。防治措施：①防治麦田杂草：一般在 3 月底 4 月初小麦起身拔节期，当麦田杂草长至 2～4 叶时每平方米有草 30 株时开始施药防治。具体方法：每公顷麦田用 72% 的 2，4－D 丁酯 600～700g，或用 40% 二甲四氯 1 500g 对水 225～300kg 喷雾。非阔叶杂草可选用 6.9% 骠马水剂 675～750ml/hm^2 或 55% 普草克悬浮液 120～150ml 对水 40～50kg 喷雾防治。②防治小麦矮丛病：在小麦起身期调查灰飞虱虫口密度，一般地块每 0.33m^2 有 2 头虫时开始防治。对于秋季发病严重的麦田，要全田进行药剂防治。③平均每 33cm 行长有 150～300 头红蜘蛛时：可用 20% 的灭扫利乳油 3 000倍液，对水 50kg 喷洒，同时兼治蚜虫。④在纹枯病和白粉病发生区：可用 20% 粉锈宁乳油 1 000倍液或 12.5% 禾果利可湿性粉剂 2 500倍液喷雾防治。

（4）孕穗期。主要防治小麦白粉病、小麦锈病和小麦吸浆虫。防治措施：①防治小麦白粉病：在麦田白粉病株的发生率达

20%～30%，平均严重度达2级时，用粉锈宁每公顷90～120g，对水750～1 125kg，进行常规喷雾。②防治小麦锈病：在小麦条锈病叶达2%以上时施药，方法同白粉病。③防治小麦吸浆虫：主要在4月中下旬，狠抓小麦吸浆虫蛹期药剂防治。可用50%辛硫磷、50%乙基1605、40%甲基异硫磷乳油3kg，对适量水，喷拌细土150～225kg，均匀撒施于麦垄，施药后浇水能提高药效，并能兼治红蜘蛛、麦叶蜂等。④防治赤霉病：于小麦扬花期用25%多菌灵可湿性粉剂250倍液喷雾。⑤防治麦蚜：当小麦百株蚜量达到500头或有蚜株率50%以上时，可用10%吡虫啉可湿性粉剂3 000倍液或20%定虫脒3 000倍液进行喷雾防治。同时，抽穗前要彻底拔除杂草。

（5）抽穗至灌浆期。主要防治小麦蚜虫和小麦吸浆虫。防治措施：①防治麦蚜：要以保护麦田天敌为主，当麦田天敌与麦蚜比例大于1∶200，百株蚜量800～1 000头时施药。可用25%灭幼脲3号悬浮剂，40%乐果1 000～1 500倍，50%马拉硫磷1 000～1 500倍，进行常规药剂喷雾。②防治小麦吸浆虫：主要是对发生较重的地块进行喷雾扫残，方法同孕穗期。③预防干热风和青枯危害：可用磷酸二氢钾250～300液喷雾防治。

（6）成熟期。主要防治黑穗病。防治措施：蜡熟期前后，进行田间普查，拔除田间病株，集中烧毁或深埋，收获期对发病麦田要单收单打，不能留种。

（四）适时收获、安全运贮

当小麦90%成熟时为收获适期，过迟过早会影响外观和加工品质，收获方式以机械化联合收脱为主，不宜用割后堆捂或碾压脱粒，禁止在公路、沥青路面及粉尘污染的地方晒脱，不宜在水泥场上摊晒，以免受到人为污染。做到分品种单收、单打、单贮，确保小麦纯度和品质。

二、无公害水稻生产技术

无公害水稻生产技术包括选择合适的产地、优良的品种、合理的种植密度、科学防治病虫害和适时收获入仓等技术，其中，核心技术是肥料的使用和病虫害的防治。施肥要把握平衡，即有机、无机结合，氮、磷、钾配合施用，严格控制施氮和施肥总量；科学防治稻瘟病、稻纹枯病、白叶枯病、二化螟等病虫害和草害。

（一）产地选择

1. 空气质量

无公害水稻生产区 3 000m 之内无矿区，无废气污染，远离城镇，避开汽车尾气、城镇生活烟尘、粉尘污染。

2. 灌溉用水质量

水源无污染，pH 值呈中性或微酸性，水量充足，排灌方便，周边无工厂和医院等废水污染源。通过水质检测，水体中所含的氟化物、六价铬以及铝、汞、铬、铅等重金属含量不得超过规定标准。

3. 土壤质量

土壤 pH 值为中性或微酸性，土层深厚，富含有机质，土壤中汞、砷、铜、铬、六六六、滴滴涕等重金属含量和农药残留不得超过规定标准。

（二）栽培技术

1. 品种选择

宜选用通过国家、本省审定或认定的、适宜本地种植的优质、高产、抗病虫的水稻品种（组合），并注意定期更换。生产优质无公害稻米，应选米质软硬适中、口感好、风味佳、稻谷质量符合 GB/T 17891—1999 的国家优质稻谷标准的良种。优质稻品种一般易感纹枯病、稻瘟病等病害，为减少施药次数，应选抗

逆性强的优质高产品种。

2. 种子处理

首先要做好晒种和种子风选。将水稻种子浸种 3～5 天，并将种子曝晒 2～3 天然后进行风选。再用 25% 可湿性多菌灵粉剂 500 倍药液浸种，或用线菌清 15g 对水 9kg 浸稻种 6kg。

3. 适时播种、培育壮苗

中稻播种期选择在 2 月上、中旬，如用秧盘育抛秧选择在 2 月下旬或 3 月上、中旬；晚稻选择在 3 月中、下旬至 4 月上旬播种。采用旱育秧、薄膜育秧和秧盘育秧方式培育壮秧，时间40～45 天为宜，即可移栽。

4. 合理密植

移栽稻：常规稻（中、晚稻）种植密度一般为 2 万穴/亩，每穴 3～4 苗；杂交籼稻 1.5 万～2 万穴/亩，每穴 1 苗；杂交粳稻 1.5 万～2 万穴/亩，每穴 1～2 苗；瓜后稻或青玉米后季稻 2～2.3 万穴/亩，每穴 3～4 苗。提倡宽行窄株种植或宽窄行，移栽规格常规稻为 25cm×13.3cm 或（33.3cm＋16.7cm）×13.3cm。杂交稻（25～30）cm×13.3cm；瓜后稻或青玉米后季稻 25cm×（10～13.3）cm。直播稻：直播稻播种量常规稻为每 667 平方米 4～5kg，杂交粳稻 2～2.5kg。提倡采用生物种衣剂包衣的种子，以防地下害虫为害。要求注意播种质量，确保全苗。

5. 肥水管理

（1）整田施肥。整田前每亩用 1 000～1 500kg 农用有机肥全层施足，放水泡田 2～3 天后，即土块吸透水后，先耙一道，科学施肥。中、下等肥力田块每亩用尿素 5～8kg，磷肥 30kg，钾肥 5kg，冷箐田在此基础上再加 5～8kg 锌肥；上等肥力田块无需施尿素，每亩单施磷肥 30kg，钾肥 5～8kg，全层施用后再犁翻，进行第二次耙平即可移栽。移栽规格为条栽，南北向条栽，株距 3cm×4.4cm×4cm，行距 30～35cm。南北向分墒移栽，墒面3～4m，沟距20cm，株距4cm×4.4cm×5cm。

（2）移栽后的肥水管理。寸水移栽，移栽后灌水10～13cm活棵，时间7～10天。活棵浅水管理，放水3.3～6.6cm，施分蘖肥。根据品种特性和土壤肥力科学施肥，原则上要巧施分蘖肥，上等肥力田块每亩施分蘖肥氮肥3～5kg，磷肥15kg，钾肥5kg；中、下等肥力田块每亩用氮肥7～10kg，磷肥15～20kg，钾肥5～8kg。而耐肥品种在此基础上每亩加氮肥3～5kg，磷肥5～8kg，钾肥2～3kg。每丛有6～7个有效分蘖即可进行深水（10～13cm）管理至含苞，到圆秆枝节期重施穗肥，每亩用尿素5kg，磷肥15kg，钾肥10kg即可。含苞后干、湿管理壮子。总之，要科学合理地灌水，原则是移栽时水不宜过深，避免造成漂秧，栽后适当灌水10～13cm深，使秧苗活棵，以后保持浅水灌溉，有利分蘖，移栽后35～40天进入分蘖高峰期，为控无效分蘖，减少养分消耗，撤水晒田。泥脚浅的田轻晒，不能晒开裂，深脚田、发红田、锈水田、冷浸田晒至开鸡脚裂。孕穗期灌10～13cm水，有利幼穗分化，抽穗至成熟干湿交替，有利灌浆结实，子粒饱满。

（三）病虫草鼠害综合防治

按照防治方法的不同可分为农业防治、生物防治、物理防治和药剂防治。

农业防治：选用抗性强的品种，定期轮换，保持品种抗性，减轻病虫害的发生。采用合理的耕作制度、连轮作换茬、种养（稻鸭、稻鱼、稻蟹）结合、保健栽培等农艺措施，减少有害生物的发生。

生物防治：选用对天敌杀伤力小的生物源农药、矿物源农药、中、低毒性的化学农药，避开适宜自然天敌繁殖的时空环境等措施，保护天敌；利用及释放天敌控制有害生物的发生。

物理防治：采用黑光灯、杀虫灯、色光板、糖醋诱蛾等物理

方法诱杀鳞翅目、同翅目害虫。

采用生物防治是综合防治的首要手段，物理防治是综合防治的基础，只有在恶劣的环境条件下，才能进行药剂防治，使用农药必须是产品残留量低而达标的农药，杜绝高残留高毒农药。同时，要保护好天敌。

1. 水稻主要病害及防治

（1）稻瘟病发生及防治。往年发生过稻瘟病的田块遇到温湿度适合和品种比较易感稻瘟病时，都会发生苗瘟、穗颈瘟。防治首先要选择抗稻瘟病的品种种植，其次是收获后及时消除稻草和田间杂草，再者一旦发现就选用40%富士一号乳油50倍液，40%克瘟散乳油500～600倍液或40%硫环唑悬剂300倍液，或25%三环唑可湿性粉剂2 000倍液于始穗期（抽穗5%左右）喷雾，每亩用药水50～60kg。

（2）白叶枯病发生及防治。水稻进入分蘖末期，由于带菌种子、稻草和田间杂草等越冬后存活下来的病苗，借助流水传播，侵入秧苗，并在植株内隐蔽繁殖。秧苗到4～5叶期选择低洼淹水，历年较易感病的秧田进行离心浓缩针制接种，测定秧田带菌与否进行防治。防治此病首先选择品种是关键，其次才是药剂防治，收获后及时清除田间杂草和稻草，减少病源。药剂防治要在分蘖末期，一旦预测出有病菌，选用25%叶枯宁可湿性粉剂500倍液或5%苗毒清乳油300～500倍液或72%链霉素可湿性粉剂3 000～5 000倍液喷雾，每隔7天1次，连续喷2次。

（3）恶苗病的防治。选用25%的施保克乳油2 000～3 000倍液浸种72小时，捞出后不必清洗即可催芽播种，或用20%的强氯精可湿性粉剂600倍液浸种24小时，捞出后清水冲洗后催芽播种。

2. 水稻主要虫害及防治

（1）稻飞虱发生及防治。飞虱按颜色分，主要有褐色飞虱、白背飞虱、灰色飞虱。由于近几年耕作制度的改变和矮秆耐肥品种的推广，发生危害有所增加。根据飞虱有随季风气流远距离迁飞的特性，在环境条件适宜时繁殖迅速，容易暴发成灾，但由于暴发栖息地位低，虫体小，危害症状不明显，常不易觉察。常年发生飞虱田块，由于落粒自生苗、再生稻有越冬虫源地区，必须提早防治。第一防治法，用200瓦白炽灯在当地早发生年份成虫初见期前10天开始点灯至常年终见后10天结束，天黑开灯，天明关灯；第二防治法，选用10%的吡虫啉，一遍净可湿性粉剂3 000倍液或25%扑虱灵可湿性粉剂2 000倍液喷雾。

（2）水稻螟虫的发生及防治。水稻螟虫危害期为苗期和分蘖期。一般在往年发生的稻草、田间杂草和小春麦秆上越冬，在适合的环境条件下孵化危害。防治应注意在整个秧苗期（抽穗前）用90%杀虫单可湿性粉剂50g或18%杀虫双水剂200～300倍液或50%巴丹可湿性粉剂600倍液，50%杀螟松乳油1 000倍液在幼虫孵化高峰期喷雾或1∶30倍毒土撒施。

3. 草害的防治

秧苗在分蘖中期左右，放入草螺（美国田螺），每亩用2～3kg，防治大田杂草，至稻谷收获后捡出成熟螺集中塘养管理，来年备用。如不捡出，造成来年稻田秧苗受害。

（四）无公害水稻的收获、包装、储藏、加工、储运

1. 收获

谷粒到腊熟进完熟时及时收获，选择晴天，以免营养物质倒流，收割在木槽里脱粒。当天收获当天晾晒在水泥地晒场、竹笆和木楼板上，禁止晒在已被化工、农药、工矿废渣、废气污染过的场地上，沥青路上。

2. 包装、储藏

收获的水稻晒干至用手搓后脱壳，米不断为准，或用牙咬坚硬为干，一般要暴晒3～5天，最后一天晒后晾冷装袋，专储以备调运。

3. 加工、储运

加工区远离厕所、垃圾场、医院污染源，装袋必须用麻袋或专用粮食品包装袋，并印有无公害稻米农产品标志图案，标明主要项目指标，标明生产加工日期、保质期。运输车辆必须无污染，严禁用运过农药、化肥、饲料的车辆运输，确保生产的产品达到国家规定的无公害水稻产品标准。

三、无公害玉米生产技术

抓好无公害玉米生产主要应把好3道关：①生产基地，包括土壤、水源、空气等环境质量关；②从技术规程上，抓好农药使用和化肥施用的管理关；③把好产品质量检测和认证关。

（一）产地选择

远离和避开严重污染源，远离交通主干道和污染水源。空气环境良好，土地适当集中，成方连片，具有生产传统和生产条件；生产规模大，农产品商品率高；区位优势明显，运销便捷流通渠道畅通；科研、生产、人才、技术等产业化基础好；具有保障农产品质量安全和生产可持续发展的良好生态环境。在土壤、大气、水质上符合无公害农产品产地环境标准。土壤主要是重金属指标，应符合 GB 15618—95 土壤环境质量标准。大气主要是硫化物、氟化物、氮化物等指标应符合 GB 3095—1996 环境空气质量标准。水质主要是重金属、硝态氮、含盐量、氯化物等指标，要符合 GB 5084—1992 农田灌溉水质标准。无公害农产品产地环境评价要符合 DB 371274. 1—2000 无公害农产品产地环境质量标准。

（二）栽培技术

1. 品种选择

在玉米品种选用上，要与生产产品的使用目的紧密结合，不论加工用、鲜食用还是饲用等，都应选相应的优良品种，同时，种子的商品性要好，种子质量要符合 GB4404.1—1996 的要求。选择高产、优质、多抗品种，尤其是玉米丝黑穗病和大小斑病的抗性要强。重点选择高淀粉、高角质品质的品种，另外，核心是选择耐密品种，以提高光能利用率，改善群体通风透光条件。

2. 种子处理

为了提高种子发芽率，播前可晒种 2～3 天，经常翻动，出苗率可提高 13%～28%。为减轻病虫害的发生，播前 1 天可用 2% 立克秀按种子重量的 0.4% 拌种防丝黑穗病，也可用 35% 多克福种衣剂或 20% 呋福种衣剂，按药种比 1：70 进行包衣，催芽的按药种比 1：（75～80）进行包衣。

3. 选茬与整地

选土层深厚、质地适中的沙壤或轻壤土，要求土壤肥力较高，排水良好的地块，前茬大豆、马铃薯茬为宜。实行 3 年以上轮作。春季用小四轮先深松，施肥 50%，灭茬，之后隔一垄破一垄，将小垄合一大垄，再在大垄中间深松，同时，施另一半化肥，随后用耢子将大垄耢平，镇压使之形成平台，这就是"两垄一平台"栽培模式，就是将 65cm 或 70cm 的两条小垄合成一个 130cm 或 140cm 大垄，在大垄上种植双行玉米，大垄上玉米行距为 35～45cm，种植密度较常规栽培每 $667m^2$ 增加 300～400 株。这种栽培模式增加了玉米边行效应和抗倒伏性，进而达到明显的增产作用。据调查，一般倒伏率下降 7 个百分点左右，增产 8%～12%；由于田间通风、透光条件的改善，有利于玉米成熟后籽粒的快速脱水，一般可降低玉米含水量 3～4 个百分点。

4. 适时播种

在耕层 5～10cm 处的地温稳定通过 6～7℃时播种。一般在 4 月 15 日至 5 月 1 日为宜。可采用人工播种或机械播种，深度一般在 3～6cm，但应依据土壤质地、墒情状况和种子的拱土能力等因素而定。在土壤黏重、墒情好、种子拱土能力差的条件下，

应浅些，3～4cm 即可；在土壤质地疏松、墒情不好、种子拱土能力强时，应深些，4～6cm 即可。播种量一般每 667m^2 人工播种 2.3～2.8kg，机械播种 2.8～3.3kg。

5. 合理密植

合理密植是建立群体结构，形成适宜叶面积系数，实现高产、高效的重要措施。其技术原理就是调节群体内部的光、热、水、肥等状况，并使之得到充分利用，协调优化个体与群体之间的矛盾，从而发挥群体的最大增产潜力。

6. 肥水管理

在肥料施用上强调以有机肥为主，以底肥为主，秸秆覆盖栽培，缓控释肥，以减少化肥用量，按土壤养分平衡需求调节肥量。一般每 667m^2 施优质有机肥 1.5～2.0m^3。要根据品种特性，栽培技术特点，及玉米需肥规律，土壤的供肥能力，进行配方调整，以实现科学的配方施肥。另外，为了高产，防早衰，生产上应抓早追肥，并提倡二次追肥，尤其是沙土地，氮肥流失严重，坚持前轻后重的原则。磷肥：一般 667m^2 施五氧化二磷（P_2O_5）5～7.5kg，结合整地做底肥或种肥施入。钾肥：一般 667m^2 施氧化钾（K_2O）4～6kg，做底肥或种肥，不能做秋施底肥。氮肥：一般 667m^2 施纯氮 6.5～10kg，其中 20%～25% 做底肥或种肥，75%～80% 做二次追肥。锌肥：土壤有效锌含量小于 0.5mg/kg 土时，667m^2 施硫酸锌 0.8～1.0kg 做种肥。

测土配方施肥技术 利用 GPS 定位，依据地形采用“S”法或“X”法或棋盘法进行土样采集，主要检测土壤中有机质，氮、磷、钾含量。土壤化验完毕后，对数据进行整理分析，根据分析结果，结合玉米需肥规律、当地产量水平和生产实际情况，制定肥料配方。选择信誉好、规模大、设备先进、技术力量强的复混肥企业进行生产玉米配方专用肥供给农户。

（三）病虫害综合防治

在病虫草防治上，以防为主，综合防治，融农艺防治、物理防治、生物防治为一体，配合低毒或无毒的种衣剂拌种。化学除草和病虫防治，严禁使用国家明令禁止的高毒、高残留、高生物突变性农药，农药施用严格执行 GB42855 和 GB/T8321 的规定。

1. 虫害的防治

频振式杀虫灯杀灭害虫技术　它是利用害虫的趋光特性，将频振波作为一项诱杀害虫成虫的新技术，引诱害虫成虫扑灯，灯外配以频振式高压电网触杀，降低田间落卵量。应用时选择佳多 PS－15Ⅱ杀虫灯，按照每台控制玉米面积 30～60 亩标准，将其合理布置在玉米田中，吊挂在牢固的物体上，吊挂高度距地面 3m，4 月中旬装灯，9 月中旬撤灯，每天傍晚开灯，次日凌晨 4 点闭灯。必须挂接虫袋且要光滑或加入毒棉，以防成虫落入后再次爬出。

性诱剂诱捕器诱杀害虫技术　它是把田间出现的求偶交配的雄虫尽可能及时诱杀，使雌虫失去交配的机会，不能有效地繁殖后代进行危害，从而减少虫卵量。应用时诱捕器按每亩悬挂一个的标准，用竹竿挂于田间，高于玉米 1m 左右，要适时清理死虫，并不可倒在大田周围，需要深埋；根据逐日记录的捕蛾数量，确定发蛾高峰，害虫大量发生时，在发蛾高峰日后 3～5 天内，及时采取有效的化学防治措施。

2. 病害的防治

应用高效低毒农药及生物防治技术，主要采用高效、低毒、低残留、强选择性的农药和生物制剂，杜绝高毒、高残留农药的使用，并推广新型施药器械，改进施药方法。顶腐病可用多菌灵、甲基托布津等灌根或叶喷。

（四）适时收获，安全运、贮

在玉米收获储藏中，要以产品目的要求为最适收获期，在储

运加工场所，具备安全卫生、无污染条件。包装材料要符合国家有关标准，并注明无公害玉米的标志、产品名称、产地、规格、净重和包装日期。

特别需要说明的是鲜食玉米。一般讲，做罐头用的普通甜玉米，应与加工企业协商决定适宜采收期。鲜穗上市的普甜玉米在开花授粉后17~23天，超甜玉米在20~28天，晚熟品种可适当延长3天左右。糯玉米的适宜采收期以玉米开花授粉后的18~25天。鲜食玉米还应注意保鲜，短期保鲜应注意不要剥去苞叶，运输途中尽可能摊开、晾开降低温度。

四、无公害蔬菜生产技术

无公害蔬菜生产技术包括选择合适的产地、选用优良品种，适时播种和病虫草害等有害生物控制等技术，其中核心技术是肥料的使用和病虫害的防治。施肥要根据蔬菜需肥规律、土壤养分状况和肥料效应，通过土壤测试，确定相应的施肥量和施肥方法，按照有机与无机相结合、基肥与追肥相结合的原则，实行平衡施肥；积极运用农业技术防治蔬菜病虫草害。

（一）产地选择

要求基地周围不存在环境污染，地势平坦，土质肥沃，富含有机质，排灌条件良好。选择的无公害蔬菜生产基地的空气环境条件、土壤条件、灌溉水质要符全中华人民共和国农业行业标准（NY/T 391—2000）绿色食品产地环境条件》中规定的标准。

（1）作为生产无公害蔬菜地块的立地条件，应该是离工厂、医院等3km以外的无公害污染源区。

（2）种植地块应排灌方便，灌溉水质符合国家规定要求。

（3）种植地块的土壤应土层深厚肥沃，结构性好，有机质含量达2%~5%。

（4）基地面积具有一定规模，土地连片便于轮作，运输方便。

（二）栽培技术与田间管理

1. 品种选择

选育优良蔬菜品种　选用抗逆性强、抗耐病虫危害、高产优质的优良蔬菜品种，是防治蔬菜病虫危害，夺取蔬菜优质高产的有效途径。例如，优良品种毛粉 802 番茄，因植株被生绒毛，不易受蚜虫危害，因而就减少病毒病的发生。

2. 种子处理

选种和种子消毒根据有病虫害的种子重量比健康种子轻，可用风选、水选，淘汰有病虫害的种子。为防治由种子带菌的病害常对种子消毒。

3. 实行倒茬轮作、深耕细作

不论是保护地菜田或露地生产，倒茬轮作都是减轻病虫害发生，充分利用土地资源，夺取高产的主要途径。在倒茬轮作中，同一种蔬菜在同地块上连续生产不应超过两茬。换茬时，不要再种同科的蔬菜，最好是与葱、蒜等辣茬作物轮作。深耕细作能促进蔬菜根系发育，增强吸肥能力，使其生长健壮，同时，也可直接杀灭害虫。

4. 合理施肥

（1）施肥原则。选用腐熟的厩肥、堆肥等有机肥为主，辅以矿质化学肥料。禁止使用城市垃圾肥料。莴苣、芫荽等生食蔬菜禁用人畜粪肥作追肥。

严格控制氮肥施用量，否则，可能引起菜体硝酸盐积累。

（2）施用方法。

①基肥、追肥：氮素肥 70% 作基肥，30% 作追肥，其中，氮素化肥 60% 作追肥；有机肥、矿质磷肥、草木灰全数作基肥，其他肥料可部分作基肥；有机肥和化肥混合后作基肥。

②追肥按“保头攻中控尾”进行：苗期多次施用以氮肥为

主的薄肥；蔬菜生长初期以追肥为主，注意氮磷钾按比例配合；采收期前少追肥或不追肥。

根菜类、葱蒜类、薯蓣类在鳞茎或块根开始膨大期为施肥重点。白菜类、甘蓝类、芥菜类等在结球初期或花球出现初期为施肥重点。瓜类、茄果类、豆类在第一朵花结果牢固后为施肥重点。

③注意事项：看天追肥：温度较高、南风天多追肥，低温刮北风要少追肥或不追肥；

追肥应与人工浇灌、中耕培土等作业相结合，同时，应考虑天气情况，土壤含水量等因素。

④根外追施叶面肥。

（3）土壤中有害物质的改良。短期叶菜类，每亩每茬施石灰20kg或厩肥1 000kg或硫黄1.5kg（土壤pH值6.5左右）随基肥施入；长期蔬菜类，石灰用量为25kg，硫黄用量为2kg。

5. 科学灌溉

（1）基本原则。沙土壤经常灌，黏壤土要深沟排水。低洼地“小水勤浇”，“排水防涝”。

看天看苗灌溉。晴天、热天多灌，阴天、冷天少灌或不灌，叶片中午不萎蔫的不灌，较度萎蔫的少灌，反之要多灌。

暑夏浇水必须在早晨9：00前或傍晚17：00之后进行，避免中午浇水。若暑夏中午下小雷阵雨，要立即进行灌水。

根据不同蔬菜及生长期需水量不同进行灌溉。

（2）灌溉方法。

①沟灌：沟灌水在土壤吸水至畦高1/2～2/3后，立即排干。夏天宜傍晚后进行。

②浇灌：每次要浇足，短期绿叶菜类不必天天浇灌。

6. 采用蔬菜栽培新技术

推广蔬菜的垄作和高畦栽培，不仅可有效调节土壤的温度、湿度，而且有利于改善光照、通风和排水条件。在播种和定植蔬菜时，应采用地膜覆盖。在保护地菜田要推广膜下暗灌、滴灌、渗灌，在露地菜田要推广喷灌，严禁大水漫灌。这样，不仅可以节约用水，而且还可降低菜田的湿度，减少病害发生。对于蔬菜棚室内温湿度的调节，要实行放顶风，不要放地风。要保持覆膜的清洁，以利于透光。施药时，要用粉尘和烟剂代替喷雾，以降低温度，对于越夏生产的蔬菜，应采用遮阳网、遮阳棚，以减少光照强度。对于果菜类和瓜果类蔬菜，应通过整理枝杈、打尖疏叶等措施，打开通风透光的通路，促进植株生长，并降低病虫危害。

7. 及时清理田园

蔬菜收获后和种植前，都要及时清理田园，将植株残体烂叶、杂草以及各种废弃物清理干净。在蔬菜生育期间，也要及时清理田园，将病株、病叶和病果及时清出田园予以烧毁或深埋，可更好地减轻病虫害的传播和蔓延。

（三）有效防治病虫草害

1. 物理措施

（1）人工捕杀对于活动性不强、危害集中或有假死性的害虫可以实行人工捕杀。如金龟子、银纹夜蛾幼虫、象鼻虫等，利用假死性将害虫振落进行扑杀。

（2）诱杀。灯光诱杀对有趋光性的鳞翅目及某些地下害虫等，利用诱蛾灯或黑光灯诱杀。毒饵诱杀利用害虫的趋化性诱杀，如用炒香的麦麸拌药诱杀蝼蛄，糖醋酒液诱杀小地老虎。潜所诱杀用人工做成适合害虫潜伏或越冬越夏的场所，以诱杀害虫。如在棉铃虫活动期，田间设置杨树枝把诱杀。黄板诱杀用30cm×40cm的纸板上涂橙黄色或贴橙黄纸，外包塑料薄膜，在薄膜外涂上废机油诱杀成虫。

（3）高温灭菌。这种方法可以用来杀灭棚或弓棚内蔬菜的

病原菌。如霜霉病病菌孢子在 30℃ 以上时活动缓慢，42℃ 以上停止活动而渐渐死亡。

（4）隔离保护。根据有迁移危害习性的害虫，应在地块四周挖沟（或利用排水沟），沟内撒药，以杀死迁移的大量害虫。木本中药材的树干上刷涂白剂，可保护树木免受冻害，并防止害虫在树干上越冬产卵及病菌侵染树干。

2. 生物技术

（1）保护和利用害虫天敌。

①利用捕食性益虫防治害虫：如螳螂、步行虫、某些瓢虫等。目前在生产上应用较多是瓢虫。

②利于寄生性益虫防治害虫：如寄生蜂和寄生蝇，应用较多的是通过人工繁殖赤眼卵蜂，释放在田间可防治多种鳞翅目害虫。

③利于有益动物防治害虫：如蛙类、益鸟、鱼类等。蛙的食料中害虫占 70% 以上，消灭害虫能力很强。斑啄木鸟防治越冬吉丁虫幼虫效果达 97% ~98.7%，防治光肩星天牛效果达 99%。对于这些有益动物应加以保护和繁殖。

④利用天敌微生物防治害虫：包括利用细菌、真菌、病毒等天敌微生物来防治害虫。细菌目前应用较多的是苏芸金杆菌类，如杀螟杆菌、青虫菌、苏芸金杆菌等，是能产生晶体毒素的芽孢杆菌，它们被害虫吃了以后，使害虫中毒患败血病，一般 2 ~3 天后死亡。寄生于昆虫的真菌如白僵菌，在一定温度条件下，白僵菌孢子萌发，并在虫体内不断生长繁殖，最后使虫体僵硬死亡。寄生于昆虫的病毒有核多角体病毒和细胞质多角体病毒等类来防治害虫。

（2）施用生物农药。生物农药用后无污染、无残留，是一种无公害农药。目前，用于蔬菜的生物农药主要有 BT 乳剂、农抗 120、农用链霉素等，如每公顷用 1 500 ~1 800 gBT 乳剂加水

750kg 喷雾，可有效防治菜青虫、小菜蛾等害虫。用2%农抗120水剂150～200倍液，可防治白粉病、叶斑病等。用72%的农用链霉素3 000～4 000倍液，可有效防治软腐病、细菌性角斑病等。

（3）施用无污染的植物性农药。植物农药原料来源广，制作简单，不仅防病杀虫效果好，且无副作用。如用鲜苦楝树叶1.5kg，过滤后去渣，每kg汁液加水40kg喷雾，可防治菜青虫、菜螟虫。用臭椿叶1份加水3份，浸泡1～2天，将水浸液过滤后喷洒，可防治蚜虫、菜青虫等。

3. 化学农药

（1）禁止使用剧毒、高毒、高残留或具有三致（致癌、致畸、致突变）的农药。高毒以上农药如甲拌磷、苏化203、对硫磷、甲基对硫磷、杀螟威、呋喃丹、涕灭威、久效磷、磷胺、异丙磷、三硫磷、甲胺磷、氟乙酰胺、氧化乐果、灭多威等，禁止在蔬菜生产中使用。滴滴涕、六六六虽为中毒，但为高残留农药，国家早已禁止生产和使用。三氯杀螨醇虽为低毒，但它的原料为滴滴涕，三氯杀螨醇中含有大量滴滴涕，也禁止使用。杀虫脒、除草醚等农药虽毒性不高，但对人有致癌、致畸、致突变作用国家也禁止使用。生产无公害蔬菜必须遵守国家有关规定。

（2）严格按照农药使用间隔期安全使用。绝大多数农药品种都有间隔使用期限，要严格按照说明使用。对蔬菜生产上允许限量使用的农药，要限量使用。

（3）改进施药技术，合理使用农药。根据病虫害种类、为害方式以及发生特点和环境条件的变化，有针对性的适期施药，严格控制施药面积、次数和浓度。要根据当地病虫害发生规律制定化学防治综合方案，做到多种病虫害能兼治的不要专治，能挑治的不普治，防治一次有效的不要多次治，尽量减少化学农药的施用。

（四）科学安全采收

一是采收前自检。查看是否过了使用农药、肥料的安全间隔期，有条件的可用速测卡（纸）或仪器进行农残检测。

二是采收和分级。要适期采收，采后要做到净菜上市（符合各类蔬菜的感官要求，净菜用水泡洗时，水质应符合规定标准），还要按品质、颜色、个体大小、重量、新鲜程度、有无病伤等方面进行分级。分特级、一级、二级3个等级。

五、无公害苹果生产技术

无公害苹果生产技术包括选择合适的园地、选用优良品种、土肥树体管理和病虫害等有害生物控制等技术，其中，核心技术是肥料的使用和病虫害的防治。施肥以有机肥为主，化肥为辅，保持或增加土壤肥力及土壤微生物活性，所施用的肥料不要对果园环境和果实品质产生不良影响；以农业和物理防治为基础，生物防治为核心，按照病虫害的发生规律和经济阈值，科学使用化学防治技术，有效控制病虫害。

（一）园地选择

在生态条件良好，远离污染源，并具有可持续生产能力区域内，选择土层深厚，含有大量有机质，pH 值 6 ~ 8，总盐量 0.25% 以下，地下水位在 1.5m 以下的土地建园。

（二）栽培技术要点

1. 品种与苗木选择

选择适合当地条件、优质丰产的苹果品种，如美国 8 号、红之舞、恋姬、优系嘎啦、红将军、优系富士、澳洲青苹等。

砧木：苹果砧木以莱芜海棠、难咽、怀来海棠或平邑甜茶为主，矮化中间砧以 M26、MM106、M9 为主。

苗木规格：选用无病虫生长健壮的优质合格苗木。一级苗根茎粗 1.2cm 以上、高 120cm 以上、5 条以上侧根；二级苗根茎粗

1.0cm 以上、高 100cm 以上、4 条以上侧根；三级苗根茎粗 0.8cm 以上、高 80cm 以上、4 条以上侧根。

2. 栽植

依据地势挖深宽各 0.8m 的水平栽植沟（穴），亩施入有机肥 4 000 ~ 5 000kg。

株行距　山地、丘陵果园株行距适当减小，平地果园适当加大；乔砧苗木建园株行距宜选择（2.5 ~ 3）m ×（3 ~ 5）m；矮化中间砧和短枝型品种苗木建园株行距宜选择（2 ~ 2.5）m ×（3 ~ 3.5）m，矮化自根砧苗木建园株行距宜选择（1.8 ~ 2.5）m ×（2 ~ 3）m。

配置授粉树 配置授粉树，以花期相近品种相互授粉为宜，配置比例为（5 ~ 8）：1，也可定植苹果专用授粉树，配置比例为15：1。

3. 土壤管理

（1）深翻改土。分为扩穴深翻和全园深翻，每年秋季果实采收后，结合秋施基肥进行。扩穴深翻为在定植穴（沟）外挖环状沟或平行沟，沟宽 80cm，深 60cm。土壤回填时混以有机肥、表土放在底层，底土放在上层，然后充分灌水，使根土密接。全园深翻为将栽植穴外的土壤全部深翻，深度 30 ~ 40cm。

（2）中耕。清耕制果园生长季降雨或灌水后，及时中耕松土，保持土壤疏松无杂草。中耕深度 5 ~ 10cm，以利调温保墒。

（3）覆草和埋草。覆草在春季施肥，灌水后进行。覆盖材料可以用麦秸、麦糠、玉米秸、干草等。把覆盖物覆盖在树冠下，厚度 10 ~ 15cm，上面压少量土，连覆 3 ~ 4 年后浅翻 1 次。也可结合深翻开大沟埋草，提高土壤肥力和蓄水能力。

4. 施肥

以有机肥为主，化肥为辅，保持或增加土壤肥力及土壤微生物活性。所施用的肥料不应对果园环境和果实品质产生不良

影响。

(1) 基肥。秋季果采收后施入。以农家肥为主，混加少量氮素化肥。施肥量按 1kg 苹果施 1.5～2.0kg 优质农家肥计算，一般盛果期苹果园每 666.7m^2 施 3 000kg～5 000kg 有机肥。施肥方法以沟施或撒施为主，施肥部位在树冠投影范围内。沟施为挖放射状沟或在树冠外围挖环状沟，沟深 60～80cm；撒施为将肥料均匀撒在树冠下，并翻深 20cm。

(2) 追肥。

①土壤追肥：每年 3 次，第一次在萌芽前，以氮肥为主；第二次在花芽分化及果实膨大期，以磷钾肥为主，氮磷钾混合使用；第三次在果实生长后期，以钾肥为主。施肥量一般结果树每生产 100kg 苹果需追施纯氮 1.0kg、纯磷（P_2O_5）0.5kg、纯钾（K_2O）1.0kg，施肥方法是树冠下开沟，沟深 15～20cm，追肥后及时灌水。最后一次追肥在距果实采收期 30 天以前进行。

②叶面追肥：结合喷药每 10～15 天喷 1 次，前期以氮肥为主，后期以磷钾肥为主，也可补施果树生长发育所需的微量元素。常用肥料浓度：尿素 0.3%～0.5%，磷酸二氢钾 0.2%～0.3%，硼砂 0.1%～0.3%。

5. 灌水

灌水时期 有灌溉条件的果园应在花前、花后、果实迅速膨大期、果实采收后及休眠期灌水。

灌水方法 灌水方法必须本着节约用水、提高效率、减少土壤侵蚀的原则。目前有漫灌、畦灌、沟灌、地下灌水、喷灌、滴灌等。

6. 整形修剪

新建果园以小冠疏层形（适用于乔砧密植树，也可在半矮化短枝型品种树上应用，株距 4～5m）、自由纺锤形（适用于矮化中间钻，株距 3m 左右的密植园）、细长纺锤形（适用于矮化自

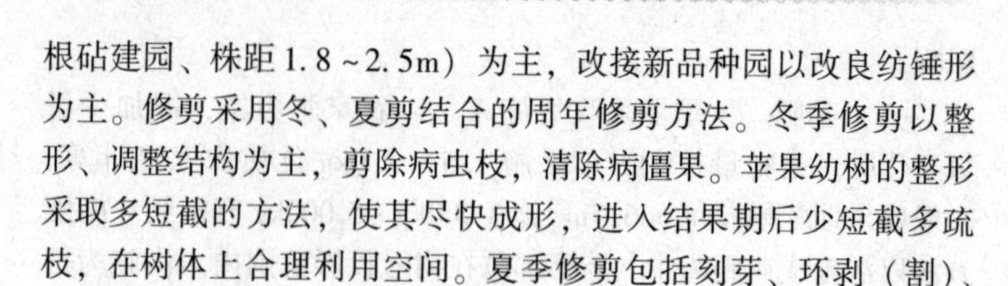

根砧建园、株距1.8～2.5m）为主，改接新品种园以改良纺锤形为主。修剪采用冬、夏剪结合的周年修剪方法。冬季修剪以整形、调整结构为主，剪除病虫枝，清除病僵果。苹果幼树的整形采取多短截的方法，使其尽快成形，进入结果期后少短截多疏枝，在树体上合理利用空间。夏季修剪包括刻芽、环剥（割）、扭梢、摘心及拇枝等措施。

7. 花果管理

（1）辅助授粉。花期放蜂，人工辅助授粉。每10亩放一箱蜜蜂，于开花前2～3天放蜂。人工辅助授粉有人工点授、喷粉等方法，在主栽品种开花1～2天进行。

（2）疏花疏果。根据树种、品种的特性、花量多少及花的质量，本着留优去劣的原则进行。苹果在花量足的情况下，首先疏除无叶片的花序，保留叶片多而大的花序，疏花时留中心花，疏除边花。留果标准：大型留单果。叶果比（25～40）：1或20～25cm间距留一个果。

（3）果实套袋。推广果实套袋，主要在开花后“以花定果”的基础上进行。花后35～40天后开始套，短时间内套完。套袋70～90天后，选择晴天上午10：00～12：00，下午15：00～17：00前去除。

（三）病虫害综合防治

以农业和物理防治为基础，生物防治为核心，按照病虫的发生规律和经济阈值，科学使用化学防治技术，有效控制病虫危害。

1. 农业防治

采取剪除病虫枝、清除枯枝落叶、刮除树干翘裂皮、翻树盘、地面秸秆覆盖，科学施肥等措施抑制病虫害发生。

2. 物理防治

根据害虫生物学特性，采取糖醋液、树干缠草绳和黑光灯等

方法诱杀害虫。

3. 生物防治

人工释放赤眼蜂，助迁和保护瓢虫、草蛉、捕食螨等天敌，土壤施用白僵菌防治桃小食心虫，利用昆虫性外激素诱杀或干扰成虫交配。

4. 化学防治

根据防治对象的生物学特性和危害特点，允许使用生物源农药、矿物源农药和低毒有机合成农药，有限度地使用中毒农药，禁止使用剧毒、高毒、高残留农药。允许使用的农药每种每年最多使用2次。最后一次施药距采收期间隔应在20天以上。限制使用的农药每种每年最多使用1次，施药距采收期间隔应在30天以上。

(四) 植物生长调节剂的使用

1. 使用原则

在苹果生产中应用的植物生长调节剂主要有赤霉素类、细胞分裂素类及延缓生长和促进成花类物质等。允许有限度使用对改善树冠结构和提高果实品质及产量有显著作用的植物生长调节剂。如苄基腺嘌呤、6—苄基腺嘌呤、赤霉素类、乙烯利、矮壮素等，禁止使用对环境造成污染和对人体健康有危害的植物生长调节剂，如比久、萘乙酸、2、4－D等。

2. 技术要求

严格按照规定的浓度、时期使用，每年最多使用一次，安全间隔期在20天以上。

(五) 果实采收

根据果实成熟度、用途和市场需求综合确定采收期、成熟期不一致的品种，应分期采收。各品种、各等级的苹果都应果实完整良好，新鲜洁净，无异常气味或滋味，不带不正常的外来水分，细心采摘，充分发育，具有适于市场或贮存要求的成熟度。果形应具有本品种应有的特性，具有本品种成熟时应有的色泽。果径指标：大型果，优等品≥70mm，一等品≥65 mm，二等品≥60mm；中型果，优等品≥65mm，一等品≥60mm，二等品≥55mm；小型果，优等品≥60mm，一等品≥55mm，二等品≥50mm。

六、无公害食用菌生产技术

食用菌是一种高蛋白、低脂肪、无污染、集营养和保健于一体的纯天然食品，经常食用可增强人体的免疫功能，预防多种疾病。随着人民生活水平的不断提高，人们的膳食结构也在不断优化，崇尚纯天然、无污染的绿色食品逐渐成为趋势，食用菌的需求量迅猛增加，市场前景非常广阔。

（一）场地选择

食用菌可根据菌类特性在室内外、大棚或日光温室栽培。生产规模无论大小，生产场地选择和设计都要科学合理，这对食用菌的无公害生产非常重要。选址应远离禽畜场、垃圾堆、化工厂和人流多的地方，且要求交通便利，水源充足且清洁无污染。室外栽培时，应选择土质肥沃、疏松、排灌方便、未受工矿企业污染的土壤。菇房的总体结构应有利于食用菌的栽培管理，具有防雨、遮阳、挡风及隔热等基础设施，地面坚实平整，给排水方便，密封性好，又能通风透气，满足食用菌生长发育对通气、光照等的要求。

（二）栽培管理

1. 选择菌种

必须按照农业部颁布的行业标准 NY/T 528—2002《食用菌菌种生产技术规程》执行，严把菌种生产质量关。对于利用基因工程技术改变基因组构成的食用菌菌种，使用时应按照《农业转基因生物安全评价管理办法》中有关转基因微生物安全管理的规

定执行。应根据当地的气候特点，选择适宜的栽培种类及品种，不得使用老化或受到污染的菌种，应选用健壮、优质、抗病的菌种。

2. 栽植要求与生产布局

对培养料和水的要求原料来源要求新鲜、无污染，且尽量使用低毒性残留物质的培养料。覆土材料选用无农药、无化肥污染的荒坡地下土，经太阳曝晒后使用。辅料种类及比例应根据食用菌种类而定，不允许添加含有生长调节剂或成分不明的辅料。生产用水水质应尽可能符合 GB 5749—2006《生活饮用水卫生标准》的要求。覆土栽培所使用的土壤应符合 GB15618—1995《土壤环境质量标准》的要求。对于有富集重金属特性的某些食用菌，在选择覆土材料时必须控制土壤中相应重金属含量不超标。覆土材料不能用高残毒农药处理。

在设计上，从灭菌锅、锅炉房到接种室、培养室的距离要尽量短，使灭了菌的菌袋或菌种瓶能直接进入接种室，以减少污染的机会。菌丝培养室和出菇房要有防范措施，如在门窗和通气口处装细纱窗，防止菇蝇、菇蚊等虫源飞入等，门窗要严密，防老鼠钻入危害培养料及子实体等；在防空洞、地道、山洞栽培食用菌时，出入口要有一段距离保持黑暗，以防止害虫飞入，传播菌源。进行保护地或室外栽培的要将周围杂草落叶清除干净，沿四周撒上生石灰粉，防止白蚁和其他害虫进入。在生产前对栽培场所进行全面灭菌、除虫，去除四周杂物，保持环境干净、整洁。

3. 精细管理

注意原料、菌袋和工具的卫生。废料不要堆在栽培室附近，并须经过高温堆肥处理后再用。栽培室的新旧菌袋必须分房隔开存放，绝不可混放，以免旧菌袋的病虫转移到新的菌袋上。栽培工具也要分开使用，并做到严格灭菌和消毒，以预防接种感染和各种继发感染。每次采菇后应清除栽培料上的菇根、烂菇和地面上掉落的菇体，并及时清理菇房，重新消毒。

4. 科学育菌

科学育菌是预防病虫害最经济有效的手段。对于不同种类的食用菌，要按其对生长发育条件的要求，科学地调控培养室的温度、湿度、光线和 pH 值等，并要适当通风换气，促使菌丝健壮生长，防止出现高温高湿的不利环境。在菌种选择、培养料配比、堆料发酵、接种发菌和出菇管理的各个环节都要严格把关，培育健壮的菌丝体和子实体，增强其抗病能力。

5. 施肥

（1）喷施蛋白胨、酵母膏溶液。用 0.1% 的蛋白胨和 0.3% 的酵母膏溶液喷施菇面，可使菇体肥厚，促进转潮，在室温14～16℃效果最好。

（2）喷施腐熟人粪尿。将人粪尿煮开 20 分钟，对水 10～20 倍喷施，或新鲜马尿及牛尿液，煮开至无泡沫状时，对水 7～10 倍喷施。如菇床口有小菇，喷完后，可再用清水喷 1 次。

（3）喷施米醋。在乎菇生长中后期，用 300 倍的食用米醋液进行菇面喷施，在采收前 1～3 天每天 1 次，一般可增产 6%，且色泽更加洁白。

（4）喷施培养料浸出液。发酵腐熟干料 5kg，加开水 50kg 浸泡，冷却后去渣喷施，可延长出菇高峰期，并使子实体肥厚。

（5）喷施菇脚水。切取 2.5kg 洗净的菇脚加水 15kg，煮 15 分钟，取清液再加水 20kg 喷施，可延长高峰期，使子实体肥厚。

（6）喷施豆浆水。黄豆 1kg，磨成豆浆对水 75～100kg，滤液喷施菇面，再用清水喷 1 次。

（7）喷施葡萄糖、碳酸钙溶液。配成含葡萄糖 1%、碳酸钙 0.5% 的溶液，在低于 18℃时喷施．有促进菌丝生长的作用。

6. 水分管理

培养基的水分要适当。酸碱度要适宜，并随时检测、调整。

菇房要经常保持良好通风，空气相对湿度不宜超过95%。当自然温度达到16℃时，在畦内灌1次水，以后每天早、中、晚各喷1次水。喷水尽量喷向空间和地面，不要喷到子实体上。在低温季节最好喷洒用日光晒过的温水。

7. 温度管理

菇棚温度最好控制在10～18℃。当气温较低时，白天延长阳光直射的时间，晚上要盖严草帘当气温较高时，白天盖上草帘，晚上则揭开草帘。

8. 通风管理

当气温较高时，每天要揭开草帘通风2～3小时，低温大风天气少通风；早晚喷水前后加大通风，菇蕾分化期少通风，菇蕾生长期多通风。

9. 光照管理

菇蕾生长期要有稳定的散射光，坚持每天早晚晾晒1～2小时，增加弱光直射，出菇期切忌强光直射。

（三）病虫害防治

食用菌本身对病虫害抵抗能力较弱，一旦发生便不易控制。应坚持预防为主、综合防治的原则，主要从选用抗病虫品种、物理防治、生物防治和加强栽培管理等多种途径达到防治目的，农药防治应视为其他防治方法之后的一种补救措施。

1. 农业及物理防治

培养室、栽培室应安装防虫纱窗、纱门、防虫网和诱杀灯等设施来预防病虫害发生。室内灭菌主要采用物理方法，如紫外灯和巴氏法灭菌，一般紫外灯照射20～30分钟即可达到杀菌目的，巴氏法则利用蒸汽使室内温度达60℃并维持10小时进行灭菌。一般不得使用甲醛、来苏儿、硫黄等化学药物。对于病虫基数高的老菇棚，在使用前要铲除一层墙皮后抹泥或者高温灭菌。露地栽培时要清除栽培场周围的残菇、感病的菌袋。接种室和超净工作台等采用紫外灯或电子臭氧发生器进行消毒灭菌。栽培原料、工具和其他设施可用巴氏法消毒灭菌。高温是一种非常有效的消毒方式，在培养料堆制发酵或者菇房消毒时，采用此法效果很好，室内或菇床温度应保持在60℃至少2小时，70℃维持5～6小时或80℃维持30～60分钟。发生瘿蚊的菌袋，可放在日光下曝晒1～2小时或撒石灰粉，也可将瓶栽或袋栽菌块浸入水中2～3小时，使菌块中幼虫因缺氧而死亡。此外，变换栽培不同食用菌或菌种变换培养料均可防杂菌。

2. 生物防治

生物防治不污染环境、没有残毒、对人体无害。目前，食用菌生物防治以生物的代谢物和提取物杀虫杀菌最为常见，如用180～210mg/L链霉素防治革兰氏阳性细菌引起的病害，用280～320mg/L玫瑰链霉素防治红银耳病，用180～220mg/L金霉素防治细菌性腐烂病，利用农抗120、井岗霉素、多抗霉素等防治绿霉、青霉和黄曲霉等真菌性病害，利用细菌制剂、苏芸金杆菌、阿维菌素来防治螨类、蝇类、蚊类、线虫都可取得很好的效果。

3. 化学防治

化学防治选用符合NY/T 393—2000《绿色食品农药使用准则》的农药药剂，并严格控制使用浓度和用药次数。在出菇期间，不得向菇体直接喷洒任何化学药剂。可以选择高效、低毒、易分解的化学农药如敌百虫、辛硫磷、克螨特、锐劲持、甲基托布津、甲霜灵等，在没出菇或每批菇采收后用药，并注意应少量、局部使用，防止扩大污染。禁止在菇类生产过程中使用国家明文禁用的甲胺磷、甲基1605、甲基1059、久效磷、水胺硫磷、杀虫脒、杀螟威、氧化乐果、呋喃丹、毒杀酚等农药及其他高毒、高残留农药。空间消毒剂提倡使用紫外线消毒和75%的酒精消毒，禁止使用NY/T 393—2000《绿色食品农药使用准则》未列入的消毒剂。培养料配制可采用多菌灵、生石灰或植物抑霉

剂和植物农药，如中药材紫苏、菊科植物除虫菊、酯类农药、木本油料植物菜子饼等均可制成植物农药进行杀虫治螨。用石灰、硫黄、波尔多液、高锰酸钾、植物制剂和醋等可防治食用菌多种病害，也可有限制地使用多菌灵、百菌清、扑海因、福美双、乙膦铝、克霉灵、代森锌、托布津、甲基托布津、硫酸铜等来防治食用菌真菌性病害。波尔多液可用于床架消毒。石硫合剂可杀介壳虫、虫卵等害虫，常用于菇房消毒。磷化铝、敌敌畏和植物性杀虫剂除虫菊酯、鱼藤精等，对防治菌蝇、菇蝇、菇蚊、蛾类等多种害虫都有显著的效果，并能有效地杀死空间、床面和培养料中的害虫。

（四）采收、分级、包装与运销

采后处理必须最大限度地保证产品的新鲜度和营养成分。要在适当的成熟度时开始采收，最好分期分批、无伤采收；采收后首先剔除病虫菇、伤残菇，然后根据菌体大小、形状、色泽和完整度合理分级；分级后迅速进行预冷处理或干燥处理；包装要在低温、清洁的场所进行，根据不同食用菌的特点和市场需求，实行产品分级包装，所有包装与标签材料必须洁净卫生；进行保鲜防腐处理时，最好采用辐射保鲜，这样既可杀灭菌体内外微生物、昆虫及酶的活力，也不会留下任何有害残留物，如果使用食品防腐剂，也要严格按照相关国家标准要求操作。包装上市前，应当申请对产品进行质量监督或检验，以获得认证和标志。鲜菇采用冷链运输，防止途中变质。出售时，产品要放置在干燥、干净、空气流通的货架或货柜上，防止在货架期污染变质，并严格在保质期内销售。

（五）加工与贮藏

1. 加工

食用菌加工品主要有干品、罐头、蜜饯等，加工必须执行《中华人民共和国食品卫生法》、NY/T392—2000《绿色食品食品添加剂使用准则》和 GB 7096—2003《食用菌卫生标准》。加工场所与环境必须清洁，并远离有毒、有害物质及有异味的场所，加工车间应建筑牢固，为水泥地面，清洁卫生，排水畅通。加工所用的原料要新鲜、匀净、无病变。食用菌加工品在生产加工过程中，要把好制作工艺关，认真按加工工艺操作，除注意环境卫生、加工过程卫生外，在使用各种添加剂、保鲜剂、防腐剂和包装物时，要严格执行 GB 2760—1996《食品添加剂使用卫生标准》、GB 9685—1994《食品容器、包装材料用助剂使用卫生标准》等国家标准。各种食用菌制品要符合 NY/T 749—2003《绿色食品食用菌》等标准，且在保藏、运输过程中严防微生物污染，以确保质量安全。从事加工的工作人员必须身体健康，有良好的卫生习惯，并定期进行身体检查，不允许有传染病的人上岗。

2. 菌贮藏

食用菌的贮藏可采用低温冷藏法、气调贮藏、化学贮藏和辐射贮藏。贮藏库应配备调温保湿设施，贮藏期间要进行严格的环境监控和制品质量抽查，以保证食用菌品质的稳定。出库后及时销售。

第二节 畜产品类

一、无公害猪肉生产技术

无公害猪肉生产包括生产养殖和屠宰两个环节。生猪生产环节包括猪场环境与工艺、引种、饲养管理、卫生消毒、运输等技术要求。其中，饲料和饲料添加剂、饮水、免疫和兽药使用是生猪生产的关键环节；屠宰场应获得定点屠宰许可证，并按照《生猪屠宰操作规程》GB/T 17236 和《畜禽屠宰卫生检疫规范》

（NY467）规定进行屠宰。

（一）场地环境

1. 猪场环境

场地应选在地势高燥、排水良好、易于组织防疫的地方，场址用地应符合当地土地利用规划的要求。猪场周围 3km 无大型化工厂、矿厂、皮革、肉品加工、屠宰场或其他畜牧场污染源。距离干线公路、铁路、城镇、居民区和公共场所应具一定距离，周围有围墙或防疫沟，并建立绿化隔离带。

猪场生产区布置在管理区的上风向或侧风向处，污水粪便处理设施和病死猪处理区应在生产区的下风向或侧风向处。经常保持有充足的饮水，水质符合 NY 5027 的要求。场区净道和污道分开，互不交叉。推荐实行小单元式饲养，实施“全进全出制”饲养工艺。

2. 设施设备

猪舍应能保温隔热，地面和墙壁应便于清洗，并能耐酸、碱等消毒药液清洗消毒。内温度、湿度环境应满足不同生理阶段猪的需求。舍内通风良好，空气中有毒有害气体含量应符合 NY/T 388 要求。饲养区内不得饲养其他畜禽动物。猪场应设有废弃物储存设施，防止渗漏、溢流、恶臭对周围环境造成污染。

（二）生产资料

1. 引种

坚持自养自繁的原则；必须引进猪只时，应从具备《种畜禽经营许可证》和《动物防疫合格症》的种猪场引进。不得从疫区引进种猪。猪只在装运及运输过程中没有接触过其他偶蹄动物，运输车辆应做过彻底清洗消毒；引进的种猪隔离观察饲养 30 天，经当地动物防疫监督机构确定为健康合格后，方可供生产使用。

（1）种猪。应来自规范生产的、无烈性传染病和人畜共患病、无污染的合法经营的种猪场，要求猪群健康无病、体型外貌和生产性能等均符合品种标准要求；所养品种应适应当地的生产条件。

(2) 商品仔猪。应来自于生产性能好、健康、无污染、管理良好的种猪群所产的健康仔猪。

2. 饲料与饲料添加剂

饲料应来源于无公害区域的草场、农区、无公害饲料种植地和无公害食品加工产品的副产品，要求无发霉、变质、结块及异味、异臭，其质量应达到各自质量标准和饲料卫生标准（GB 13078）要求。

饲料添加剂应是农业部农牧发〔1999〕7号文《允许使用的饲料添加剂品种目录》所列入的品种；饲料药物添加剂的使用按农业部农牧发〔1997〕8号文《允许用做饲料药物添加剂的兽药品种及使用规定》严格执行，不得直接添加兽药，使用药物饲料添加剂应严格执行休药期制度。

3. 动物保健品

选择使用广谱、高效、低毒、低残留的兽药，禁止使用国家明文规定停止使用或有争议的药物品种，并严格按药物使用说明控制用量和保证停药期。

4. 禁用品

禁止在饲料和饮水中添加《禁止在饲料和动物饮水中使用的药物品种目录》中所列的药物，严禁添加、使用盐酸克伦特罗等国家严禁使用的违禁药物。禁止使用有机砷制剂和有机铬制剂。禁止用潲水或垃圾喂猪。严禁以下药物和物质用作猪生长剂：肾上腺素能药（如β-兴奋剂、异丙肾上腺素及多巴胺）、影响生长的激素（如性激素、促性腺激素及同化激素）、具有雌激素样作用的物质（如玉米赤霉醇等）、催眠镇静药（如安定、氯丙嗪、安眠酮等）及农业部禁止作动物促生长剂的其他物质。

（三）生产技术

1. 饲养技术

肉猪即肥育猪的饲养分小猪（体重 20 ~ 40kg）、中猪（体重 41 ~ 70kg）和大猪（体重 74 ~ 100kg）三阶段饲养，并按不同品种与阶段的猪所需的营养水平饲喂适当的饲料日粮。一般日喂 3 餐，不限量；采用自动饲料槽的栏舍，则实行自由采食。

2. 动物保护技术

工作人员进入生产区必须更衣、换鞋、消毒。保持舍内外环境卫生清洁，选择高效、低毒、广谱的消毒剂，严格对猪舍、场地和饮水消毒。搞好疾病综合防治工作，制定并实行合理的预防免疫程序，杜绝人畜共患病和烈性传染病的发生。

3. 环境污染控制技术

采用科学配料，应用高效饲料添加剂（如酶制剂、微生态制剂、中草药制剂等）和高新技术（如膨化、制粒、热喷等），改变饲料品质、提高饲料利用率，减少排泄物中的磷、氮等对环境的污染。控制饲料中微量元素和药物添加量，减少一些有毒有害物质在肉猪组织的残留和对环境的污染。应用兽用防臭剂和微生物发酵等技术，采用干清粪工艺、自然堆腐或高温堆肥处理粪便；采用沉淀、固液分离、曝气、生物膜以及消毒和光合细菌设施处理污水；降低粪尿的污染，使猪场废水排放达到污水综合排放标准（GD 8978）所规定的“第二类污染物最高允许排放浓度”的要求。做好环境自净工作，利用饲养场地的地形地势，采取植树种草、“猪 – 沼 – 果（鱼）”立体生产模式等措施，就地吸收、消纳，降低污染，净化环境。

（四）疫病防治及卫生消毒

（1）猪场入口应设消毒池和消毒间，猪舍周围环境应定期消毒，每批猪只调出后，要彻底清扫干净，然后进行喷雾消毒或熏蒸消毒。

（2）定期对料槽、饲料车、料箱等用具进行消毒，定期进行带猪环境消毒，减少环境中的病原微生物。消毒剂建议选择符合《中华人民共和国兽药典》规定的高效、低毒和低残留消毒剂。

（3）工作人员和外来参观者必须更衣和紫外线消毒后方能入场，并遵守场内防疫制度。工作服不应穿出场外。

（4）无公害生猪饲养场应根据《中华人民共和国动物防疫法》及其配套法规的要求，结合当地实际情况，有针对性地选择适宜的疫苗、免疫程序和免疫方法，进行疫病的预防接种工作。

（5）无公害生猪饲养场应根据《中华人民共和国动物防疫法》及其配套法规的要求，结合当地实际情况制定疫病监测方案，由动物防疫监督机构定期对无公害生猪养殖场进行疫病监测，确保猪场无传染病发生，其中重点监测口蹄疫、猪水泡病等人畜共患病。

（五）运输

商品上市前，应申报检疫，经兽医卫生检疫部门根据GB16549检疫合格，并出具检疫合格证明方可上市屠宰。运输车辆在运输前和使用后要用消毒液彻底消毒。运输途中，不应在疫区、城镇和集市停留饮水和饲喂。

（六）屠宰加工

屠宰场应获得定点屠宰许可证，加工水质符合NY5028要求，并按照《生猪屠宰操作规程》GB/T17236和《畜禽屠宰卫生检疫规范》（NY467）规定进行屠宰。

（七）病、死猪处理

需要淘汰、处死的可疑病猪，应采取不放血和浸出物不散播的方法进行扑杀，传染病猪尸体进行无害化处理。有治疗价值的病猪应隔离饲养，由兽医进行诊治。

（八）废弃物处理

猪场废弃物实行减量化、无害化、资源化处理。粪便经堆积发酵后作农业用肥。猪场污水应经发酵、沉淀后才能作液体肥使用。

（九）生产档案

无公害生猪饲养场应建立一系列相关的生产档案，确保无公害猪肉品质的可追溯性。

（1）建立并保存生猪的免疫程序记录。

（2）建立并保存生猪全部兽医处方及用药的记录。

（3）建立并保存生猪饲料饲养记录，包括饲料及饲料添加剂的生产厂家、出厂批号、检验报告、投料数量，含有药物添加剂的应特别注明药物的名称及含量。

（4）建立并保存生猪的生产记录，包括采食量、育肥时间、出栏时间、检验报告、出场记录、销售地记录。

二、无公害牛肉生产技术

无公害肉牛生产包括牛场环境与工艺、引种和购牛、饲养管理、卫生消毒、运输等技术要求。其中，饲料和饲料添加剂、饮水、免疫和兽药使用是肉牛生产的关键环节。

（一）场地选择

1. 场地

牛舍场地要求地形平坦、背风、向阳、干燥，牛场地势应高出当地历史最高洪水线，地下水位要在2m以下。水质必须符合《生活饮用水卫生标准》，水量充足，最好用深层地下水。要开阔整齐，交通便利，并与主要公路干线保持500m以上的卫生间距。牛舍应保持适宜的温度，湿度、气流、光照及新鲜清洁的空气，禁用毒性杀虫、灭菌、防腐药物。牛场污水及排污物处理达标。

2. 设备设施

牛舍应为平干舍，有牛床、运动场，面积不低于15m²/个，在牛舍前方设有专用饲料槽，运动场设水槽。牛舍地面、墙壁应用水泥清光处理，利于消毒液清洗消毒。在牛舍后墙外修建排污沟，牛粪便经排污沟直接进入农村沼气池无害化处理，减少污染。

（二）生产资料

1. 引种和购牛

在基地范围内实行自繁自养的原则。不得从疫区购进，购进的牛应隔离观察，经临床健康检查无病，并附有检疫合格证。

基础母牛群可为本地母牛，育肥用牛应为杂交肉牛。对于从场外购入的肉牛需要经过严格检疫和消毒。

2. 饲料与添加剂

粗饲料包括牧草、野草、青贮料、农副产品（藤、蔓、秸、秧、荚、壳）和非淀粉质的块根、块茎的使用，应是在无公害食品生产基地中生产的、农药残留不得超过国家有关规定、无污染、无异常发霉、变质、异味的饲料。应具有一定的新鲜度，在保持期内使用，发霉、变质、结块、异味及异臭的原料不得使用。

配合饲料、浓缩饲料和添加剂预混合饲料的购买和使用，必须由畜牧管理部门批准的经销供应，在畜牧技术员的指导下使用。不得私自随处购买和使用。饲料添加剂的使用应严格按照产品说明书规定的用法、用量使用。严禁使用违禁的饲料添加剂。合理使用微量元素添加剂，尽量降低粪尿、甲烷的排出量，减少氮、磷、锌、铜的排出量，降低对环境的污染。

3. 禁用品

禁止使用肉骨粉、骨粉、血浆粉、动物下脚料、动物脂粉、蹄粉、角粉、羽毛粉、鱼粉等动物源性饲料。

（三）饲养管理

1. 育肥前的饲养管理

牛只购进后1～2天供给充足饮水，少给草料，以后逐渐加料，并过渡到育肥饲料；将牛群称重，按体重大小和膘情分群，并进行药物驱虫。

2. 育肥期间的饲养管理

（1）饲养方式。采取拴系饲养方式，牛绳长度以舔不到自己的身体为度。

（2）定时定量饲喂。平均每头牛每天进食日粮干物质约为牛活重的1.4%～2.7%，精粗料比约为1∶4，饲喂过程是先粗后精，先干后湿，定时定量，少给勤添，喂完自由饮水。转入育肥饲养后，要逐渐变更饲料配比，逐渐加大精料给量。

3. 出栏前的准备

（1）进行膘情评定，确认达到肥育程度（500～550kg）后方可出栏。

（2）经畜牧部门检疫合格并开具检疫合格证明。

（四）疫病防治

1. 卫生消毒

（1）牛场院内防蚊蝇、防鼠，尽可能切断传播途径，搞好环境卫生，不允许在场内宰杀、解剖和加工牛及其产品。

（2）牛场门口车辆出入处，应设立混凝土结构的消毒池，池深30cm，池长500～800cm，池内加5%火碱水，水深保持（15～20）cm。牛场门口人员进出处，要设有与车辆进出处同样结构的消毒池，池内铺上麻袋或草袋、草帘，用5%火碱水浸透，并保持足够的水分。

（3）圈舍门口的消毒池与牛场门口人员进出处的消毒池同，长度60～80cm，宽度100～200cm。人员进出圈舍时，在池内踏步不少于5次。

（4）牛场场区每两周进行一次全面消毒，圈舍内每周进行两次带牛消毒。牛场内应备有4种以上不同类型的消毒药（如碘附类、二氧化氯或络合氯、复合酚类、季铵盐类、过氧乙酸类等）交替使用。消毒药的使用应严格按照产品使用说明书中规定的浓度和使用方法进行。

（5）不允许将场外的牛及其产品带入场内，场内的病死牛经过兽医技术人员鉴定后作无害化处理（2m以下深埋或焚烧）

在一批牛出舍后，要进行彻底清扫冲洗，用3%火碱水消毒，然后每立方米空间用甲醛40～60ml熏蒸消毒。在下一批牛入舍前再用消毒药液喷洒消毒一次，方法按（5）执行。

（6）饮水槽和料槽，在夏季每天清洗消毒一次，冬季每周清洗消毒两次。

2. 疫病防治

（1）根据本地区疫病流行情况，申请当地畜牧部门技术人员制定适合本场的免疫程序。免疫用疫苗必须由畜牧部门提供，以保证免疫效果。免疫疾病至少包括：炭疽病、五号病、牛出败。

（2）需要进行疾病诊治时，要在兽医技术人员指导下按国家有关规定执行，禁止使用有毒、有害、高残留药品和激素类药物。允许使用正规厂家生产的钙、磷、硒、钾等补充药、酸碱平衡药、体液补充药、电解质补充药、血容量补充药、抗贫血药、维生素类药，吸附药、泻药、润滑剂、酸化剂、局部止血药、收敛药和助消化药、微生态制剂。

抗菌药、抗寄生虫药和生殖激素类药的使用，应严格遵守规定的给药途径、使用剂量、疗程使用并严格执行休药期制度。慎用作用于神经系统、呼吸系统、循环系统、泌尿系统的兽药、具有雌激素样作用的物质，禁止使用催眠镇静药和肾上腺素等兽药。

(3) 疫病监测　由动物疫病监测机构定期或不定期进行必要的疫病监测。定期对牛群进行布病、结核病的检疫。

(五) 运输

肉牛上市前，应经动物防疫监督机构进行产地检疫，获得《动物产地检疫合格证明》，方可进入牲畜交易市场或屠宰场屠宰。运输车辆在装运前和卸货后都要进行彻底消毒。运输途中，不得在疫区、城镇和集市停留、饮水和饲喂。

(六) 病死牛处理

需要淘汰、扑杀的可疑病牛由动物防疫监督机构采取措施处理，传染病牛尸体按国家规定处理。养殖区不能随意出售病牛、死牛。

(七) 生产记录

认真做好日常生产记录，记录内容包括牛只标记和谱系的育种记录，发情、配种、妊娠、流产、产犊和产后监护的繁殖记录，哺乳、断奶、转群的生产记录，种牛及育肥牛的来源、牛号，主要生产性能及销售地记录，饲料及各种添加剂来源、配方及饲料消耗记录，防疫、检疫、发病、用药和治疗情况记录。

三、无公害羊肉生产技术

生产无公害羊肉包含两个生产环节：一是如何用无公害生产技术饲养肉羊；二是在羊肉屠宰加工过程中如何按照国家关于无公害畜产品加工的标准和要求生产。

(一) 场地选择

1. 羊场

场址应符合 GB/T18407.3 规定的原则，选择地势高燥、排水良好、通风、土质坚实、

周围无污染且便于防疫的地方。羊场周围 3km 以内无化工厂、肉食品加工厂、皮革厂、屠宰场及畜牧场等污染源。羊场距

离城镇、居民区和公共场所1km以上，距交通要道300m以上。羊场周围要有围墙或防疫沟，并建绿化隔离带。饲养小区要统一规划，合理布局。羊场生产区要布置在管理区的下风或侧风向，办公室和宿舍应位于羊舍的上风向，兽医室和贮粪堆应在羊舍的下风向。

2. 羊舍

一个适宜的环境可以充分发挥肉羊的生产潜力，提高饲料利用率。一般来说，家畜的生产力20%取决于品种，40%~50%取决于饲料，20%~30%取决于整体环境。

羊舍设计应满足下列条件：

有利通风、采光、冬季保暖和夏季降温，羊舍温度冬季不低于5℃，夏季不高于30℃；利于防疫，防止或减少疫病发生与传播；保持羊只适当活动空间，便于添加草料和保持清洁卫生；羊舍坐北朝南，双坡屋顶，半封闭或全封闭式，宽5.0m，高2.5m，半封闭羊舍前面为半墙，高1.5m，夏季敞开，冬季封堵；羊舍内靠后墙留出饲喂通道；按性别、生长阶段设计羊舍，实行分阶段饲养、集中育肥的饲养工艺。羊舍面积为：种公羊4~5m^2/只，成年母羊1~2.0m^2/只，青年羊0.8~1m^2/只，羔羊0.4~0.5m^2/只。

3. 设施设备

羊场前面为运动场，面积为羊舍面积的2~3倍。冬季寒冷时，运动场可蒙一层薄膜，实行暖棚养羊。地面用水泥防滑、砖铺或三合土地面，高出运动场20cm，羊舍及运动场要留有坡度。羊舍内要铺设羊床。羊场应设净道和污道，并有废弃物处理设施，废弃物不能对羊只和环境造成污染，鼓励发展生态养殖模式。

4. 水源和水质应符合GB/18407.3—2001的规定

肉羊体内有毒有害物质的重要来源之一是生产中的饮用水，

要特别引起关注，肉羊的饮用水水质要符合无公害畜产品饮用水质量指标。

(二) 生产资料

1. 引种

坚持自繁自养的原则，不从有疫病或牛海绵状脑病及高风险的地区引进羊只、胚胎（卵）。必须引进羊只时，应从非疫区引进，并有动物检疫合格证明。羊只在装运及运输过程中不能接触其他偶蹄动物，运输车辆应进行彻底清洗消毒。羊只引入后至少隔离饲养30天，在此期间进行观察、检疫，确认为健康者方可合群饲养。

2. 饲料和饲料添加剂

肉羊日粮应以青绿饲料、粗饲料为主，并补充配合精料、多汁饲料等。

粗饲料应为青干草、红薯藤、花生秧等优质粗饲料，豆秸、玉米秸、麦秸质量较差。小麦秸秆可经过氨化、微贮，玉米秸可进行青贮处理，以增加适口性，并提高营养价值。

青绿饲料应为紫花苜蓿、墨西哥玉米、菊苣、黑麦草等优质牧草或杂草、树叶等；多汁饲料可使用胡萝卜等。

精料应包括能量饲料、蛋白质饲料、矿物质饲料、饲料添加剂等。能量饲料有玉米、高粱、麸皮、米糠等；蛋白质饲料有豆饼（粕）、棉籽饼、菜子饼等，棉籽饼、菜子饼脱毒后才能利用；矿物质饲料有石粉、贝壳粉、食盐；添加剂有维生素添加剂、微量元素添加剂、中草药添加剂、脲酶抑制剂等。

3. 添加剂所用饲料和饲料添加剂符合《饲料和饲料添加剂管理条例》和NY 5127规定。禁止使用骨粉、肉骨粉、鱼粉等动物性饲料，禁止添加使用β-兴奋剂类（瘦肉精）、激素类（玉米赤霉醇）、催眠镇静类及其他国家禁止使用的药物和饲料添加剂。

(三) 饲养技术

1. 种公羊饲养

种公羊要全年保持中上等膘情，忌过肥过瘦，非配种期的种公羊，每日喂给精料0.4～0.6kg，干草2.5～3kg，青贮料或多汁料0.5～0.8kg。种公羊配种前一个月，开始增加精料，逐步过渡到配种期日粮，配种期每只每日喂给0.8～1.2kg精饲料，胡萝卜0.5～1.5kg，干草自由采食。配种高峰期每日每只增喂鸡蛋2枚。种公羊应单圈饲养，并与母羊圈保持一定距离。要保证种公羊每日运动不少于2小时。

2. 母羊饲养

母羊应按空怀期、妊娠期和哺乳期分阶段饲喂。

(1) 空怀期。配种前保持母羊中等膘情，膘情较好的母羊可少喂或不喂精料，但体况较差的母羊要加强补饲，配种前2～3周，每日喂混合精料0.2～0.4kg，青粗饲料自由采食，使母羊尽快恢复体况，以较好膘情接受配种。

(2) 妊娠期。妊娠前期3个月饲喂优质牧草或青干草，根据母羊体况，一般可少补料或不补精料，并注意补给多汁饲料。妊娠后期，应加强补饲。每只每天补精料0.3～0.5kg，青粗饲料自由采食，缺乏青草时，要补饲胡萝卜0.5kg。

(3) 哺乳期。母羊分娩后3天内少喂精料，以后逐渐恢复正常喂量，哺乳前期每天每只应补给精料0.4～0.7kg，青粗饲料自由采食，胡萝卜0.5kg。哺乳后期要逐渐减少多汁饲料、青贮和精料喂量，以防发生乳房炎。

3. 羔羊饲养

羔羊出生后，应尽早吃到初乳。做好对羔羊的护理工作，确保每只羔羊都能吃到奶水。羔羊生后10日龄开始补喂青干草，15日龄训练采食精料，20日龄学会采食草料。1～2月龄每天喂两次，补精料100～200g，3～4月龄每天喂3次，补精饲料

200～250g。缺奶羔和多胎羔羊，应找好保姆羊或人工哺乳，可用牛奶、羊奶、奶粉和代乳品等。人工哺乳务必做到清洁卫生，定时、定量、定温（35～39℃）。哺乳用具定期消毒，保持清洁。生后1月龄内非种用公羊应去势。羔羊2～3月龄断奶。断奶采取逐渐断奶法，即断奶前1周开始逐渐减少喂奶次数和时间，1周后母子分开饲养。断奶后的羔羊加强补饲，防止掉奶膘。肉羊在生产过程中，注意补硒、补铁、补氟，防止代谢病发生。

4. 青年羊饲养

断奶后不久的青年羊要加强饲喂，继续补喂精料，每天每只应喂配合精料0.2～0.5kg，公羊应多于母羊的饲料定额。粗饲料以优质干草、青贮料为宜。5～6月龄后可根据青粗饲料质量及膘情，少喂或不喂精料。青年种公羊不要采食过多青粗饲料，防止形成草腹，影响配种能力。

5. 肉羊育肥

宰前一个月为育肥期，育肥羊应选择优质杂交羊。育肥方式应为舍式育肥。应选择断奶羔羊或青年羊。育肥期不宜过长，一般为60天。应备足草料，并采取适当的方法贮存。育肥开始、中间、结束要称重。育肥开始的15天适应期，让羊只适应环境，多喂优质干草，少喂精料，充足饮水。育肥期精料占日粮的40%～60%，精料中要加入营养添加剂。料型以颗粒料效果为好。使用尿素育肥时应与精料混合饲喂，不能单独喂或把尿素放在水中饮用。添加量为每日成年羊10～15g，6月龄以上的青年羊6～8g。首次喂量为规定量的1/10，逐渐增加，10天后达到规定量。饲喂前后1小时不能饮水。育肥前要进行驱虫，育肥过程中要加强运动、饮水、啖盐等常规的饲养管理。

6. 出栏

肉羊育肥至40～45kg即可出栏，不要无价值延长出栏时间，以免造成浪费，出栏前16~24小时停止饲喂。

（四）疫病防控

1. 搞好羊舍和环境清洁卫生

羊圈要每天打扫，还要及时清理垫板底下的积粪，保持羊圈清洁、干燥和卫生。食槽要每天彻底清洗。

2. 做好消毒工作

工作人员进入生产区要更换工作服、工作鞋，并经紫外光照射，再踩消毒池方能进入。所用的消毒剂应符合NY5148准则的规定。定期对羊舍、用具和运动场等进行预防性消毒，带羊环境消毒等。羊舍周围环境要定期用2%的火碱或撒生石灰消毒，场内道路、下水道口、粪坑每月用漂白粉或消毒药水消毒一次。每批育肥羊出栏后，栏舍要进行彻底消毒。注意将粪便及时清扫、堆积、密封发酵、杀灭粪中的病原菌和寄生虫卵或蚴虫。

3. 定期驱虫和免疫接种

为了预防羊的寄生虫病的发生，应在发病季节来临之前，用药物给羊群进行预防性驱虫，预防驱虫的时间，根据当地的寄生虫活动季节而定。免疫接种是预防羊主要传染病的重要措施，羊场应根据《中华人民共和国动物预防和免疫法》及其配套法规的要求，结合当地实际情况，有选择地进行疫病的预防和免疫接种，并且要注意选择适宜的疫苗、免疫程序和免疫方法。

4. 药物治疗

治疗使用药剂时应符合NY5148—2002的规定，使用附录A中列举的兽药，严格执行停药期的规定。禁止使用未经国家畜牧兽医行政管理部门批准的兽药和已经淘汰的兽药，禁止使用《食品动物禁用的兽药及其他化合物的清单》中的药物，如β-兴奋剂，性激素，氯霉素等等。达不到休药期的，不能作为优质肉羊上市。对可疑病羊应隔离观察、确诊。有使用价值的病羊应隔离饲养、治疗，治愈后，才能归群。

(五) 运输要求

商品羊运输前，应经动物防疫监督机构根据 GB 16549《畜禽产地检疫规范》及国家有关规定进行检疫，并出具检疫证明，合格者方可上市或屠宰。运输车辆在运输前和使用后应用消毒液彻底消毒。运输途中，不应在城镇和集市停留、饮水和饲喂。

(六) 废弃物处理

羊场污染物排放应符合相关规定。并实行无害化、资源化处理原则。对可疑病羊应隔离观察、确诊。有使用价值的病羊应隔离饲养、治疗，彻底治愈后，才能归群。因传染病和其他需要处死的病羊，应在指定地点进行扑杀，尸体应按 GB16548《畜禽病害肉尸及其产品无害化处理规程》的规定进行处理。羊场不应出售病羊、死羊。

(七) 生产记录

(1) 引种记录。包括品种、引进厂名、引进时间、疫病检疫、免疫接种、经办人等。

(2) 饲料产品。应保留样名并做标签，注明饲料品种、生产日期、批次、有效使用期等。

(3) 兽药及疫苗记录。要写清名称、规格、数量、生产单位、批准文号、免疫时间等。

(4) 治疗记录。写清发病的时间及症状、预防和治疗用药疗程、方法、药物名称、剂量、批号、生产单位、治疗效果等。

(八) 屠宰加工规范化

规范化的屠宰加工是实现羊肉无公害生产的第二个环节，肉羊的屠宰加工场所是否卫生，操作工艺是否规范、用水是否符合国家规定的卫生要求，都会影响羊肉品质。因此，屠宰场所必须符国家规定的卫生标准，严格执行无公害肉羊生产技术规程的相关规定与要求。

四、无公害鸡蛋生产技术

无公害蛋鸡生产包括鸡场环境与工艺、引种、饲养管理、卫生消毒、运输等技术要求。其中，饲料和饲料添加剂、饮水、免疫和兽药使用是蛋鸡生产的关键环节。

（一）场地选择

1. 场地环境

鸡场建设要符合当地土地利用整体规划，鸡场周围 3km 内无大型化工厂、矿厂或其他牧场等污染源，鸡场离干线公路 1km 以上，距村镇居民点及文化教育区域至少 1km 以上，鸡场不得建在饮用水源、食品厂上游，不得建在风景名胜区域。

2. 场内建设

鸡场内净道和污道要分开，鸡场周围要设绿化隔离带，生产区、生活区分开，雏鸡、青年鸡、成年鸡分开饲养，鸡舍有防鸟设施，鸡舍地面墙面应能耐酸、碱，便于使用消毒液清洗消毒。

3. 水、空气质量要求

蛋鸡场饮用水须采取经过集中净化处理后达到《畜禽饮用水质量标准》（NY5027）的水源。禽场空气质量应符合《大气环境质量标准》（GB3095）的要求。禽舍内空气中有毒有害气体含量应符合《畜禽场环境质量标准》（NY/T 388）的要求，空气中灰尘、微生物数量应控制在规定数量以下。

4. 鸡舍设施设备　场内设置专用的废渣（废弃物）储存场所和必备的设施，废水、粪渣等不得直接倒入地表水体或其他环境中。具备良好的防鼠、防虫、防鸟等设施。

（二）生产资料

1. 鸡苗

（1）商品代雏鸡应来自通过有关部门验收核发《种禽生产经营许可证》的父母代种鸡场或专业孵化厂。

（2）雏鸡不能携带鸡白痢、禽白血病和霉形体等传染性疾病。

（3）不得从疫区购买鸡雏，要严把进雏质量关。

（4）选择活泼、大小整齐的健康鸡雏。选择的标准是：肛门干净，没有黄白色的稀粪粘着；脐带吸收良好，没有血痕存在；腹部收缩良好，不是大肚子鸡；喙、眼、腿、爪等不是畸形。

2. 饲料与添加剂

使用符合无公害标准的配合饲料，符合品种营养标准。不应在饲料中额外添加增色剂，如砷制剂、铬制剂、蛋黄增色剂、铜制剂、活菌制剂，免疫因子等。饲料包括配合饲料、浓缩料、添加剂和原料等，在感官上都应具有一定的新鲜度，具有该品种应有的色、嗅、味和组织形态特征。添加剂产品应取得产品生产许可证、产品批准文号。产蛋期及开产前5周鸡饲料中不应使用药物饲料添加剂，制药工业副产品不应用作饲料原料，各种饲料使用时遵照标签规定的用法用量。不得使用霉败、变质、生虫或被污染的饲料。

（三）饲养技术

按照《无公害食品——蛋鸡饲养管理准则》（NY/T5043）的要求，分阶段、有针对性地实施饲养管理，确保蛋鸡健康生长和生产。

1. 雏鸡的饲养管理规范

0～6周龄为雏鸡阶段。雏鸡生长迅速，代谢旺盛，但体温调节能力较差，消化机能、抗病力较差。育雏的关键是为雏鸡创造良好的环境条件以及给予丰富的营养和精心的管理。在育雏阶段的环境条件中，必须满足雏鸡对温度、湿度、通风换气、光照、密度和卫生等条件的需要，随着日龄的变化，环境条件也要作相应的调整。在育雏前要制定育雏计划，做好育雏舍及其设备的准备，对育雏舍进行消毒和预热。以春季育雏效果最好，其他季节则应考虑气候特点加强环境控制。育雏方式有平面育雏和立体育雏两种，应根据各场条件选择使用。对雏鸡要及时开饮，出壳24小时应开食，使用新鲜、无霉变饲料，可减少许多消化系统和呼吸系统疾病；在饲料中适当添加多种维生素，特别是增加维生素A的用量，有利于增强雏鸡抗病力，减轻球虫病的危害。饲料槽和饮水器位置要恰当，防止饲料浪费，保证鸡群生长发育均匀。要经常观察鸡群，及时剔除病、弱雏，每天早晨要注意观察雏鸡粪便的颜色和形状是否正常，以便判定鸡群是否健康或饲料的质量是否发生问题。经常打扫卫生，及时清除粪便、污物，能有效地控制球虫卵囊的发育和其他病原微生物的繁殖。对病雏及时隔离治疗，疗效不佳时严格淘汰。应做到定期称重，适时分群，使其生长一致，提高成活率。

2. 育成期的饲养管理规范

7~18周龄为育成期。育成鸡的特点是：绒毛脱尽换为成年羽被，有较强的体温调节能力和生活力，食欲旺盛，消化能力强。对育成鸡的管理目标是，让鸡的器官系统得到充分发育，在提高育成率的前提下，提高鸡群整齐度，为产蛋做好生理上的准备；采取有效措施，防止性早熟，保证产蛋期有理想的产蛋性能。具体要做到：①控制光照，每日光照时间长短直接影响性成熟的早迟，可实行逐日渐减制，在10~18周龄每日8~9小时光照为宜，光照强度以5~10勒克斯为好。②限制饲喂，适当限饲，可控制发育不使鸡过肥，使鸡群同时达到性成熟和体成熟，还可节约10%~15%的饲料。一般从6~8周龄开始限饲，可采用低能量饲料、低蛋白饲料或低赖氨酸饲料进行质的限饲，也可采用定时定量或每周饥饿2天的量的限饲。限饲必须在分群的前提下，有足够的槽位，以保持鸡群整齐度，并从8周龄开始补喂砂粒。③适时挑选育成蛋鸡，在18~20周龄时可进行选择，把

那些生长发育不良、弱鸡、残次鸡及外貌特征不符合品种要求的鸡淘汰掉，低于平均体重10%以下的个体应淘汰，合理选留种用公鸡、母鸡，分类转入产蛋舍；公鸡按母鸡数的11%～12%选留。

3. 产蛋期的饲养管理规范

产蛋期饲养管理的主要任务是在客观条件许可的范围内最大限度地消除、减少可能出现的各种逆境对蛋鸡的有害影响，创造一个有益于蛋鸡健康和高产的环境，充分发挥其高产遗传潜力，产出量多质优的鸡蛋。蛋鸡入笼工作最好在18周龄前完成。转群最好在晚间进行，降低照度，以免惊群；在转出前6小时应停料；转群前后要饲喂预产期饲料，并增加各种维生素喂量，饮电解质溶液；根据不同的饲养方式保证合理的饲养密度；此时可采用逐渐延长和刺激产蛋的光照制度，光照强度可在10～20勒克斯调节；舍温应控制在13～23℃；湿度保持在60%～70%；适当通风换气，保证气流在舍内均匀分布，降低舍内有害气体浓度，以舍内无明显异味为准。春季是产蛋的旺季，要注意提高日粮的营养水平，特别是蛋白质、维生素和矿物质的补充；夏季气候炎热，要做好防暑降温工作；秋季气候变化剧烈，应注意调节，尽量减少外界环境条件的突然变化对母鸡产生的影响；冬季气温低，必须做好防寒保暖工作，并用人工补充光照。可采取分阶段饲养制度，在25～44周龄产蛋高峰期，要供给充足的蛋白饲料，适当控制能量饲料并合理补钙，应供给符合饮用水标准的充足清洁的饮水，要防止噪声应激，提高蛋鸡产蛋率，要做到及时捡蛋。产蛋高峰过后，可适当减料，降低饲料成本。根据季节不同调整饲料营养，夏季可减少能量饲料，增加蛋白质和钙质饲料，同时补充维生素C；冬季则要适当增加能量饲料，减少蛋白饲料，要增加饲料中维生素D的含量，促进钙磷的吸收。要适当添加应激缓解剂，发现就巢鸡可用丙酸睾丸素醒抱；及时淘汰低产鸡。

（四）疫病防控

1. 环境消毒

鸡舍周围环境每2~3周用2%火碱液消毒或撒生石灰1次，场区周围及场内污水池、排粪坑、下水道出口，每1~2个月用漂白粉消毒1次，在大门口设消毒池，使用2%火碱或煤酚皂溶液。

2. 鸡舍消毒

鸡舍清空后要进行彻底清扫、洗刷、药液浸泡、熏蒸消毒，用0.1%的新洁尔灭或4%来苏儿或0.2%过氧乙酸或次氯酸盐、碘附等消毒液全面喷洒，然后关闭门窗用福尔马林熏蒸消毒，消毒后至少闲置2周才可进鸡，进鸡前5天再进行熏蒸消毒1次。

3. 器具消毒

定期对蛋箱、蛋盘、喂料器等用具进行消毒，可先用0.1%新洁尔灭或0.2%~0.5%过氧乙酸消毒，然后在密闭的室内用福尔马林熏蒸消毒30分钟以上。

4. 带鸡消毒

定期进行带鸡消毒，有利于减少环境中的微生物、空气中可吸入颗粒物。常用于带鸡消毒的试剂有0.3%过氧乙酸、0.1%洁尔灭、0.1%次氯酸钠等。带鸡消毒要在鸡舍内无鸡蛋的时候进行，以免消毒剂喷洒到鸡蛋表面。在免疫前、中、后3天不进行带鸡消毒。

5. 免疫接种

根据本场实际，制定符合情况的疫病防疫程序，并做到疫苗来源必须有生产批号的国家规定厂家，使用中注意规范以免失效。

6. 兽药使用

药物预防宜采用中药生物制品、矿物性药物等无公害药物防治，严格控制抗生素、激素及有害化学药品的使用。雏鸡、育成鸡前期为预防和治疗疾病使用的药物应符合无公害食品蛋鸡饲养兽药使用准则的要求。育成鸡后期，产蛋前7～10天停止用药。产蛋阶段正常情况下禁止使用任何药物，包括中草药和抗生素。产蛋阶段发生疾病用药治疗时，根据所用药物从用药开始到用药结束后一段时间内，所产鸡蛋不得作为食用蛋出售。

7. 疫病检测

要按照《动物防疫法》及其配套法规要求，制定本场的疫病监测方案。常规监测的疫病有高致病性禽流感、鸡新城疫、鸡白痢、传染性支气管炎、传染性喉气管炎等，及时注意效价梯度，确保抗体浓度。

（五）捡蛋捡蛋与分蛋

1. 捡蛋

捡蛋时间固定，每日上午、下午各捡1次，鸡蛋在舍内暴露时间越短越好，从鸡蛋产出到蛋库保存不得超过2小时。捡蛋时要轻拿轻放，尽量减少破损，破蛋率不得超过3%。捡蛋时将破蛋、软蛋、特大蛋、特小蛋单独存放，不作为鲜蛋销售。

2. 分蛋

鸡蛋收集后将蛋壳清洁、无破损，蛋壳表面光滑有光泽，蛋形正常，蛋壳颜色符合品种特征的立即用福尔马林熏蒸消毒，消毒后分装入蛋托中送蛋库保存。对每批鲜蛋进行质量抽检，鸡蛋应符合《无公害食品鲜禽蛋》（NY5039）所规定的标准要求。

（六）鸡蛋的包装与运、贮

包装　外包装采用特制木箱、纸箱、塑料箱等。内包装采用蛋托或纸格，将蛋的大头向上装入蛋托或纸格内，不得空格漏装。集蛋箱和蛋托应经常消毒。

贮存　贮存冷库温度为 -1～0℃，相对湿度保持在 80%～90%。

运输 使用消毒过的封闭式货车或集装箱进行运输，不要将鸡蛋直接暴露在空气中运输。在运输搬运过程中应轻拿轻放，防潮，防曝晒，防雨淋，防污染防冻。

（七）废弃物无害化处理

1. 传染病致死鸡

传染病致死及因病捕杀的死鸡应按要求进行无公害处理，不得出售病鸡、死鸡。有救治价值的鸡应隔离饲养，由兽医进行诊治。

2. 鸡粪经无害化处理以后，可以作为农业用肥，不得作为其他动物的饲料 孵化场的副产品无精蛋不得作为鲜蛋销售，可作为加工用蛋，死精蛋可用于加工动物饲料，不得作为人类食品加工用蛋。

（八）档案记录

每个蛋鸡场要建立完善的生产记录档案，包括鸡苗信息（来源、品种、数量、日期）、环境信息（空气、水、温度、湿度）、饲料（饲料及添加剂名称，喂料量），免疫、兽药使用记录（生产厂家、批号、数量）、工作程序记录（每天做过哪些工作）、生产状况信息（鸡群健康状况、蛋鸡体重、产蛋量）以及蛋品的检验、包装和销售情况等，及时记入《养殖生产日志》中，资料保存期为 2 年以上。

五、无公害牛奶生产技术

无公害牛奶生产技术包括奶牛养殖和鲜牛奶加工两个环节，奶牛养殖包括牛场环境与工艺、引种、饲养管理、卫生消毒、运输等技术要求。其中，饲料和饲料添加剂、饮水、免疫和兽药使用是奶牛生产的关键环节。

（一）场地选择

1. 牛场环境与工艺

奶牛场应建在地势平坦干燥、背风向阳，排水良好，场地水源充足、未被污染和没有发生过任何传染病的地方。牛场内应分设管理区、生产区及粪污处理区，管理区和生产区应处上风向，粪污处理区应处下风向。牛场净道和污道应分开，污道在下风向，雨水和污水应分开。牛场周围应设绿化隔离带。牛场排污应遵循减量化、无害化和资源化的原则。

2. 牛舍建造

牛舍应具备良好的清粪排尿系统。牛舍内的温度、湿度、气流（风速）和光照应满足奶牛不同饲养阶段的需求，以降低牛群发生疾病的机会。牛舍地面和墙壁应选用适宜材料，以便于进行彻底清洗消毒。

3. 水质、温度、空气质量要求

奶牛舍应能保温隔热，牛舍内的温度应满足奶牛不同群的要求，以降低牛群发生疫病的机会。一般要求大牛舍控制在5～31℃，小牛10～24℃，相对湿度50%～70%，噪音控制在90分贝以下，因为噪音对奶牛的应激影响很大。牛舍内通风良好，牛舍内空气质量应符合NY/7388的规定，空气中有毒，有害气体含量：氨气20mg/m^3、硫化氢2mg/m^3、二氧化碳1 500 mg/m^3、PM10（可吸入颗粒物）2mg/m^3、TSP（总悬浮颗粒物）4mg/m^3、恶臭70稀释倍数。

（二）科学引种

1. 购牛

选择体质健康，体型结构良好的乳用型奶牛品种。新购入的奶牛应来自于具有种牛生产经营许可证的，未发生过任何传染病的正规奶牛场，并按照CB16567《种畜禽调运检疫技术规范》进行检疫。引进的奶牛应在隔离舍内，隔离观察30～45天经兽医检查确定为健康合格后，方可进入牛舍。

2. 饲料与添加剂

(1) 饲料原料、饲料添加剂，配合饲料、浓缩饲料，应具有一定的新鲜度，且无发霉、变质、结块、异味及异臭，其有害物质及微生物允许量应符合 GB13078《饲料卫生标准》及相关标准的规定。

(2) 营养性饲料添加剂和一般性饲料添加剂产品是中华人民共和国农业部颁布的《允许使用的饲料添加剂品种目录》所规定的品种和取得试生产产品批准文号的新饲料添加剂品种。药物饲料添加剂使用应按照中华人民共和国农业部颁布的《药物饲料添加剂使用规范》执行，并严格执行休药期制度。

(3) 禁止在奶牛饲料中添加和使用肉骨粉、骨粉、血粉、血浆粉、动物下脚料、动物脂粉、干血浆及其他血液制品以及脱水蛋白、蹄粉、角粉、鸡杂碎粉、羽毛粉、油渣、鱼粉、骨胶等动物原性饲料。

(三) 饲喂管理

1. 饲喂技术

按饲养规范饲喂，不堆槽，不空槽，精、粗科合理搭配。饲喂要定时、定量，少喂勤添，不喂发霉变质和冰冻的饲料。应捡出饲料中的异物，保持饲槽清洁卫生。

保证足够的新鲜、清洁饮水，运动场设食盐、矿物质（如矿物质舔砖等）补饲槽和饮水槽。夏季调制凉汤料、粥料喂牛，多喂青绿、多汁饲料，冬季辅以热粥喂牛，定期清洗消毒饮水设备。

2. 挤奶管理

科学的挤奶方法能刺激乳腺神经兴奋，促进乳房血液循环，促使乳房膨胀，加快乳汁的排泄过程提高产奶量。贮奶罐、挤奶机使用前后都应清洗干净，按操作规程要求放置，乳房炎病牛不

应上机挤奶，上机时临时发现的乳房炎病牛不应套杯挤奶，应转入病牛群手工挤奶后治疗。牛奶出场前先自检，不合格者不应出场，机械设备应定期检查、维修、保养、消毒。

3. 肢蹄护理

修蹄是奶牛管理不可忽视的工作。舍饲牛的蹄往往过长，蹄形不正，造成肢蹄疾病。要求仔细检查蹄形及步态。对蹄形不正者要及时修削、矫正，对有腐蹄病的牛予以治疗。

4. 奶牛的护理

按时饲喂和挤奶、饲养员要培养奶牛温顺、听话的习惯，不要恐吓和棍打奶牛。牛舍应防止噪音，保持安静，以免影响产奶量。每天按时刷拭牛身，不仅能清除体外寄生虫，还能加强牛体血液循环。可用铁刨和棕刷，站在牛的两侧，自头颈、前躯至后躯，四肢至尾部，依次刷拭，动作要轻快。

5. 运动

舍饲奶牛要尽量让其到室外活动，防止奶牛过肥而引起繁殖力低下。在喂料、挤奶完毕后将牛放出运动，夏天可在傍晚时放出，冬天在白天放出，每天安排 8 小时以上的露天活动。

（四）疫病防控

1. 卫生消毒

（1）环境消毒。牛舍周围环境（包括运动场）每周用 2% 火碱消毒或撒生石灰 1 次；场周围及场内污水池、排粪坑和下水道出口，每月用漂白粉消毒 1 次。在大门口和牛舍入口设消毒池，使用 2% 火碱或煤酚溶液。

（2）人员消毒。工作人员进入生产区应更衣和紫外线消毒，工作服不应穿出场外。外来参观者进入场区参观应彻底消毒，更换场区工作服和工作鞋，并遵守场内防疫制度。

（3）牛舍消毒。牛舍在每班牛只下槽后应彻底清扫干净，定期用高压水枪冲洗，并进行喷雾消毒或熏蒸消毒。

（4）用具消毒。定期对饲喂用具、料槽和饲料车等进行消毒，可用0.1%新洁尔灭或0.2%～0.5%过氧乙酸消毒；日常用具（如兽医用具、助产用具、配种用具、挤奶设备和奶罐车等）在使用前后应进行彻底消毒和清洗。

（5）带牛环境消毒。定期进行带牛环境消毒，有利于减少环境中的病原微生物。可用于带牛环境消毒的消毒药有：0.1%新洁尔灭，0.3%过氧乙酸，0.1%次氯酸钠，以减少传染病和蹄病等发生。带牛环境消毒应避免消毒剂污染到牛奶中。

（6）牛体消毒。挤奶、助产、配种、注射治疗及任何对奶牛进行接触操作前，应先将牛有关部位如乳房、乳头、阴道口和后躯等进行消毒擦拭，以降低牛乳的细菌数，保证牛体健康。

2. 免疫接种

奶牛场应根据《中华人民共和国动物防疫法》及其配套法规的要求，结合当地实际情况，有选择地进行疫病的预防接种工作，并注意选择适宜的疫苗，免疫程序和免疫方法。

3. 疫病监测

奶牛场应依照《中华人民共和国动物防疫法》及其配套法规的要求，结合当地实际情况，制定疫病监测方案。常规监测至少应包括：口蹄疫、蓝舌病、炭疽、牛白血病、结核病、布鲁氏菌病。同时需注意监测我国已扑灭的疫病和外来疫病，如牛瘟、牛传染性胸膜肺炎、牛海绵状脑病等。

4. 疫病控制和扑灭

奶牛场发生疫病或怀疑发生疫病时，应根据《中华人民共和国动物防疫法》及时诊断、并采取措施，尽快向当地畜牧兽医行政管理部门报告疫情。确诊发生疫情的，奶牛场应配合当地畜牧兽医行政管理部门，根据疫情不同对牛群实施隔离、扑杀、清群和净化消毒等措施。

5. 兽药使用

应严格按照《中华人民共和国动物防疫法》和NY5047《奶牛饲养兽药使用准则》的规定，建立规范的生物安全体系，防止奶牛发病和死亡，最大限度地减少化学药品和抗生素的使用。经确诊确需使用治疗用药时，兽药的使用应有兽医处方并在兽医的指导下进行。用于预防、治疗和诊断疾病的兽医用药应符合《中华人民共和国兽药典》《中华人民共和国兽药规范》《中华人民共和国兽用生物制品质量标准》《兽药质量标准》《进口兽药质量标准》相关规定。所用兽药的标签应符合《兽医管理条例》的规定。

严格执行各种药物的休药期。休药期应严格遵守NY5043《奶牛饲养兽药使用准则》附录A规定的时间。

慎用作用于神经系统、循环系统、呼吸系统、泌尿系统的兽药及其他兽药

(五) 牛奶盛装、贮藏

应符合NY 5045的规定。

1. 包装

包装材料应适用于食品，应坚固、卫生，符合环保要求，不产生有毒有害物质和气体，单一材质的包装容器应符合相应国家标准；复合包装袋应符合规定。包装材料仓库应保持清洁，防尘，防污染。包装容器使用前应消毒，内外表面保持清洁。包装应严密，不发生渗漏或破裂，不得二次污染。

2. 贮存

巴氏杀菌乳贮存温度2～6℃；灭菌乳常温避光贮存；贮存场所干燥、通风；不得与有害、有毒、有异味或对产品产生不良影响的物品同处贮存。

(六) 病死牛及产品处理

对于非传染病及机械创伤引起的病牛只，应及时进行治疗，死牛应及时定点进行无害化处理，应符合GB 16548的规定。使

用药物的病牛生产的牛奶（抗生素奶）不应作为商品牛奶出售。牛场内发生传染病后，应及时隔离病牛，病牛所产乳及死牛应作无害处理，应符合 GB 16548 的规定。

（七）废弃物处理

场区内应于生产区的下风处设贮粪场，粪便及其他污物应有序管理。每天应及时除去牛舍内及运动场褥草、污物和粪便，并将粪便及污物运送到贮粪场。

场内应设牛粪尿、褥草和污物等处理设施，废弃物应遵循减量化、无害化和资源化的原则。

（八）资料记录

奶牛场应有各种科学规范的奶牛生产、育种、繁殖等记录表格，逐项准确地填写各项生产记录。根据原始记录，定期进行统计，分析和总结，用于指导生产。

（1）繁殖记录。包括发情、配种、妊检、流产、产犊和产后监护记录。

（2）兽医记录。包括疾病档案和防疫记录。

（3）育种记录。包括牛只标记和谱系及有关报表记录。

（4）生产记录。包括产奶量、乳脂率、生长发育和饲料消耗等记录。

病死牛应做好淘汰记录，出售牛只应将抄写复本随牛带走，保存好原始记录。

牛只个体记录应长期保存，以利于育种工作的进行。

第三节　水产品类

一、无公害鱼类生产技术

无公害鱼类养殖过程包括选择场地、饲养、鱼病防治等技

术，其中关键技术是鱼病防治，注意防治鱼类病虫害要符合《渔用药物使用准则》（NY5071）。

（一）场地选择

1. 无公害鱼类对生产基地的要求

无公害鱼类的养殖基地必须建在无化工厂、传染病院、造纸厂、食品加工厂及放射性物质等污染源的环境中。严禁向基地排放未经处理的各种污水，基地养殖水面禁止使用燃油机动船只。

2. 池塘条件

池塘建设要符合无公害养殖标准。注排水渠道分开，避免互相污染；在工业污染和市政污染污水排放地带建立的养殖场应建有蓄水池，水源经沉淀、净化或必要的消毒后再灌入池塘中；池塘无渗漏，淤泥厚度应小于10cm；进水口加密网（40目）过滤，避免野杂鱼和敌害生物进入鱼池。

3. 无公害鱼类对大气环境质量的要求

要求大气环境质量标准为：4种污染物的浓度限值，即总悬浮颗粒物（TSP）、二氧化硫（SO_2）、氮氧化物和氟化物（F）的浓度符合《环境空气质量标准（GB 3059—1996）》的规定。

4. 无公害鱼类对养殖水域土壤环境的要求

要求土壤环境中汞、镉、铜、砷、铬（六价）、锌、六六六、滴滴涕的残留量应符合《土地环境质量标准（GB 15618—1995）》的规定。

5. 无公害鱼类的养殖对水源水质的要求

水源水质的感官标准（色、嗅、味），卫生指标等一定要符合《无公害食品淡水养殖用水水质标准（NY 5051—2001）》的规定。

（二）苗种选择

选择优质的养殖品种和苗种是水产养殖的基础。常见的淡水鱼品种，如青、草、鲢、鳙、鲤、鲫、鳊、鲂、鲶等都是适合无公害养殖的优质品种。优质的苗种应具备体色均匀、规格整齐、体格健壮、顶水能力强、游泳活泼、摄食能力强特点。

（三）饲料

在无公害生产中，鱼类饵料主要是投喂人工饵料。选择无公害饲料时具体要求如下。

(1) 根据品种及不同阶段的营养需要确定科学合理的饲料配方。

(2) 严格把好原料关。变质的、污染的和不符合无公害要求的原料应拒用。

(3) 应购买正规厂家和销售商家的饲料，防止使用不符合无公害要求的劣质饲料。

(4) 添加剂的使用（如维生素、无机盐、抗生素、黏合剂、天然促生长剂）要符合我国《兽药典》规范，不能滥用。一些需在投饵时添加的物质（如油类），饲料产品说明中应明确指出添加的量、种类、比例、要求，不可随意添加。

(5) 饲料应小心储藏，防止受潮霉变，且应在规定时间内使用。过期或变质的饲料应拒用。

(6) 在使用当地的动物性或植物性饲料时，必须保证饲料不变质、无污染，坚持适量使用的原则。

作为无公害鱼饲料，不得添加有砷制剂（如氨苯砷酸）和抗生素药渣；严禁使用违禁药物（包括肾上腺类药、激素及激素类样物质和催眠镇静类药等）；不得使用转基因动植物产品。

（四）养殖技术

1. 放养前准备工作

(1) 清塘、消毒。养殖无公害鱼类的池塘，秋末把池水排干，暴晒，冬季冻结池底。连续 5 年用于越冬的池塘应闲置一个夏季，保持池底干枯，连续养鱼 3 年以上的池塘一定要彻底清除底泥，最好用生石灰消毒，生石灰的用量 75kg/亩。

（2）施基肥。无公害鱼类的养殖要求所施的基肥一定要用0.2mg/L浓度的硫酸铜除臭。肥料的种类包括有机肥和无机肥。肥料的使用方法及施用量可参照《中国池塘养鱼技术规范长江下游地区食用鱼饲养技术（SC/T10165—1995）》要求使用。

（3）注水。注水的时间、水深、水量均同一般养殖。水源的水质一定要符合无公害鱼类的水质标准。

（4）苗种消毒。苗种放养前必须先进行鱼体消毒，以防鱼种带病下塘。一般采用药浴方法，常用药物用量及药浴时间有：3%～5%的食盐5～20分钟；15～20mg/L的高锰酸钾5～10分钟；15～20mg/L的漂白粉溶液5～10分钟。药浴的浓度和时间须根据不同的养殖品种、个体大小和水温等情况灵活掌握，以鱼类出现严重应激为度。苗种消毒操作时动作要轻、快，防止鱼体受到损伤，一次药浴的数量不宜太多。

2. 苗种投放

应选择无风的晴天，入水的地点应选在向阳背风处，将盛苗种的容器倾斜于池塘水中，让鱼儿自行游入池塘。

3. 合理的混养

根据自身池塘条件、市场需求、鱼种情况、饲料来源及管理水平等综合因素合理确定主养和配养品种及其投放比例，合理的混养不仅可提高单位面积产量，对鱼病的预防也有较好的作用。此外，混养不同食性的鱼类，特别是混养杂食性的鱼类，能吃掉水中的有机碎屑和部分病原细菌，起到了净化水质的作用，减少了鱼病发生的机会。

4. 早放养

在有条件的情况下提倡早放养，改春季放养为冬季放养或秋季放养，使鱼类提早适应环境。深秋、冬季水温较低，鱼体亦不易患病，同时，开春水温回升即开始投饵，鱼体很快得到恢复，增强了抗病力。

5. 投饲技术

根据鱼类的摄食习性制定合理的投饵方式，投饵率的计算以鱼类八分饱为宜，可参照我国传统生产的“四定”投饲（即定时、定位、定质、定量）和“三看”（看天气、水质、看鱼情）原则，充分发挥饲料的生产效能，降低饲料系数。

（五）鱼病防治

由于鱼类生活在水中，一旦发病不易治疗，故无公害养殖鱼类疾病防治采取“无病先防，有病早治，防重于治”的方针，坚持“以防为主，防治结合”的原则，使用“三效”（高效、速效、长效）和“三小”（毒性小、副作用小、用量小）的渔药，尽量使所用的药物发挥最大药效而药物的残留降到最低。

1. 加强日常管理

每天早晚各巡塘1次，观察水色和鱼的动态及水质变化情况；经常清扫食台、食场，每半个月用漂白粉消毒1次；每月加注新水2~3次，改善水质，提高鱼类的免疫力和抵抗力。

2. 无病先防，有病早治

一般在7月底、8月底和9月初每隔15~20天用30mg/L剂量的生石灰水全池泼洒，防治鱼病；自7月底起每隔20天左右用防治肠炎类等细菌性疾病的药饵连喂3天。鱼类一发病，多出现食欲丧失的症状，无法用药饵治疗，但投喂的药饵对健康鱼有预防性的保护作用，故发现疾病应及时治疗，否则，发病率会迅速增加，给治疗带来困难。

3. 正确诊断，对症下药

鱼患病时常会出现一些典型病变，某些寄生虫病肉眼可观察到虫体，对于疾病诊断有帮助。如体表出现盖印章似的病变常见于腐皮病；鳃丝腐烂、鳃盖穿孔见于细菌性烂鳃病等。必要时还可结合解剖检查、实验室检查确诊。针对疾病准确用药。

4. 选择符合无公害要求的药物

所选药物应符合《兽药典》，并尽可能选用中药，或选用已经临床试验、安全性好、品质保证、残留量少、残留时间短的药物，避免盲目用药。严禁使用高毒、高残留和对环境有严重破坏的渔药；严禁直接向养殖水域泼洒抗生素或将新近开发的人用新药作为渔药的主要或次要成分。无公害养殖禁用的渔药有40多种，如氯霉素、孔雀石绿、克伦特罗、己烯雌酚、二甲硝咪唑、其他硝基咪唑类、异烟酰咪唑、磺胺类药、呋喃唑酮、氟乙酰苯醌和糖肽等。

5. 内服外用药物结合使用

细菌性疾病一般都应内服和外用相结合，对于体表寄生虫感染，一般只需使用外用药物即可，但有时采用内服给药也可奏效。另外，切忌用药后见病情好转就擅自停药，过早停药，疾病极易再次发作。

6. 保证一定的休药期

在鱼产品上市前1个月或更长时间，停止用药，以确保产品达到无公害食品标准的要求，这是发展无公害鱼类生产的重要措施之一。

（六）贮、运

（1）贮运用水的水质应符合国家的有关规定。鱼在贮运过程中应轻放、轻运，避免挤压与碰撞，注意不得脱水或脱冰。

（2）包装的容器应无毒、无异味，洁净、坚固并具有良好的排水条件。活鱼可用帆布桶、活鱼箱或尼龙袋充氧等盛装，鲜鱼采用竹筐、木桶、塑料箱或塑料桶等。

（3）活鱼宜用活鱼运输车、活水船或有充氧装置的其他运输设备装运。鲜鱼应采取保温、保鲜措施，冰鲜鱼品的温度应控制在0℃～5℃之间，降温用冰应符合国家的有关规定。

（4）运输工具在装鱼前应清洗，做到洁净、无毒且无异味，严防运输途中受到污染。

(5) 活鱼贮存可在洁净、无毒、无异味的水泥池、水族箱中，充氧暂养。

二、无公害虾类生产技术

无公害淡水虾是指在良好的生态环境下，生产过程符合国家规定的无公害水产品生产技术操作规程，有毒有害物质控制在安全允许范围内的淡水虾产品。无公害淡水虾的养殖包括对产地生态环境质量要求，渔药使用准则，饲料使用准则，肥料使用准则等。

(一) 场址选择

1. 场地要求

养殖场要选择在符合国家质量监督检验检疫总局颁布的《农产品安全质量 无公害水产品产地环境要求》GB/T 18407.1—2001要求的水域，也就是要求选择生态环境良好，无工业废弃物和生活垃圾、无大型植物碎屑和动物尸体，底质无异色、异臭，自然结构，养殖地域内上风向、位于灌溉水源上游，3km内无任何污染源。养殖场址的选择应考虑土质、供水、供电、地形、交通和通讯等因素。

2. 养殖场的布局和结构

场房应尽量居于虾场平面的中部；虾池应在场房的前后；产卵池、孵化设备应与亲虾池靠近；虾苗培育池接近孵化设备；蓄水池应建在全场最高点；污水处理池建在最低处，并能收集全场污水。

虾池可以为正方形，也可以为长方形，虾池池底要求平坦，建有集虾沟，淤泥小于15cm。虾池可以是泥池或水泥池，进水口应在养殖池的高处，排水口应在养殖池的低处，最好能从排水口排干所有池中的水，进水口用网孔尺寸0.177～0.250mm筛绢

制成过滤网袋过滤；每个池、排水独立，不允许池间串水，排水应安两个管，一个高位管，以便排出多余的水和过量藻类，另一个低位管，能排尽池中积水和底污。亲虾培育池面积2 000～6 700m^2，水深0.5～1.0m；苗种培育池面积15～20m^2，水深1.0～1.5m，商品虾养殖池面积2 000～6 700m^2，水深0.7～1.5m。池塘应配备水泵、增氧机等机械设备，每亩水面要配置4 500W以上的动力增氧设备。

3. 土质

无公害淡水虾对土质的要求不高，黏土、壤土、沙壤土均可以。但要求保水性好，透气性适中，堤坝结实，能抗洪，土壤中汞、镉、铅、砷、铬、铜、锌以及六六六，滴滴涕的含量应符合国家质量监督检验检疫总局颁布的《农产品安全质量 无公害水产品产地环境》GB/T 18407.1—2001中规定的限量要求。

4. 供水

供水包括食用水和养殖用水。食用水必须符合国家饮用水的标准。养殖用水要求有水量充足、水质清新无污染的水源，且无异味，异臭和异色。水质必须符合国家环境保护总局颁布的《渔业水质标准》GB11607—89和农业部颁布的《无公害食品 淡水养殖用水水质标准》NY5051—2001的要求。淡水虾对水质要求较高，水源水质应相对稳定在安全范围内，水中溶解氧应在5mg/L以上，pH值应在7.0～8.5。

5. 大气环境

大气环境质量也是影响无公害淡水虾养殖的一个重要因素，淡水虾养殖场周围大气中的总悬浮颗粒，二氧化硫，氮氧化物和氟化物等污染物都应在无公害水产品生产对大气环境质量规定的限量内。

（二）无公害淡水虾的选购和繁育

虾苗可以通过选购和繁育两种方法来获得。

1. 虾苗选购

购买虾苗要到符合国家规定的无公害育苗场选购，为了保证虾苗的成活率要求虾苗无伤、无病、活力强、弹跳有力、体色透亮，规格整齐，体长在1.5cm以上。

2. 苗种繁殖

一般虾苗的繁殖是在人工条件下进行的。

(1) 亲虾来源。虾苗的繁殖离不开亲虾，亲虾要从符合国家规定的良种场引进，不得从疫区或有传染病的虾塘中选留亲虾。也可以选择从江河、湖泊、沟渠等水质良好水域捕捞的符合亲虾标准的淡水虾。亲虾要求甲壳肢体完整，体格健壮、活动有力、无病无伤、规格在6cm以上；还有一种方法就是在繁殖季节直接选购规格大于6cm的抱卵虾作为亲虾。无论是从那种渠道所获得的亲虾，在入池前都要进行检疫。检疫合格后才能进行繁殖。

(2) 亲虾的运输。为保证亲虾的健康和成活率在运输过程中要带水作业。亲虾的运输方式主要有活水车网隔箱分层运输、水箱运输、塑料袋充氧密封运输。

(3) 亲虾池清理消毒。为了防病，亲虾放养前，必须对亲虾培育池进行清理消毒，清除过多的淤泥，用药物进行清塘消毒，达到消除病源和杀死敌害生物的目的。清塘一般每亩使用生石灰120~150kg加水全池均匀泼洒。养虾池清塘消毒后，必须进行晒塘，晒塘也可以起到进一步消毒的作用。要求晒到塘底全面发白、干硬开裂，越干越好。一般需要晒2周以上。

(4) 亲虾的放养密度。虾的放养密度要适当，放养密度太小不经济，放养密度太大水中溶解氧下降，会影响亲虾的健康。一般每亩放养亲虾45~60kg，雌、雄比为3~5：1。

(5) 饲料及投喂。亲虾饲料投喂应以配合饲料为主，投喂量为亲虾体重的2%~5%，饲料安全限量应符合农业部颁布的

《无公害食品 渔用配合饲料安全限量》NY5072—2002 的规定。也就是在配合饲料中使用的促生长剂，维生素，氨基酸，脱壳素，矿物质，抗氧化剂或防腐剂等添加剂种类及用量应在无公害水产品生产规定的安全限量内。饲料中不得添加国家禁止使用的药物。在亲虾培育期间可适当加喂优质无毒、无害、无污染的鲜活动物性饲料如小杂鱼，投喂量为亲虾体重的5%～10%。配合饲料每天投喂 2 次，上午投喂日投喂总量的30%，黄昏后投喂70%，鲜活动物性饲料要在黄昏时投喂 1 次。

（6）亲虾产卵。5 月当水温上升至18℃以上时，亲虾开始交配产卵，将抱卵虾用地笼捕出。抱卵虾的卵颜色深，表明卵子产出时间不长，受精卵连接牢固，不易分离；受精卵颜色淡，表明卵子即将孵出，极易掉卵；生产中应选择那些具有淡绿色或灰褐色卵的抱卵虾，这样的抱卵虾孵化时间短，可节省生产成本，同时，卵粒间有一定的黏结度，不致造成大量掉卵，可提高虾苗产量。

（7）抱卵虾孵化。孵化池一般为水泥池，面积在 $20m^2$ 左右，池深 1.5～1.8m。为了达到无公害标准抱卵虾放养前，苗种培育池必须清塘消毒，可用十万分之三的高锰酸钾溶液消毒。消毒要彻底，不留死角，除了池壁，池底都要刷洗到外，增氧设备也要重点清洗消毒，消毒完成后还要用清水冲净才能使用。抱卵虾放养量为每 $20m^2$ 孵化池，放养 1.5～3kg，根据虾卵的颜色，选择胚胎发育期相近的抱卵虾放入同一池中孵化；虾孵化过程中，需每天清晨换水 5～10cm，保持水质清新，从孵化开始的10～15 天，每 $20m^2$ 孵化池施腐熟的无污染有机肥 3～9kg。抱卵虾入池 25 天左右，幼虾已基本孵出，这时就可以捕出亲虾了。

3. 苗种培育

虾卵孵出后就进入了苗种培育阶段。

（1）幼体密度。这个时期幼体密度不能太大，苗种池培育幼体的放养密度应控制在每立方米水体2 000～6 000尾。

（2）饲料投喂。当所有的幼体都孵化出来后就要开始投喂饲料了，无公害淡水虾苗的饲喂分两个阶段。第一个阶段是幼体孵出后的前3周，这个时期需及时投喂豆浆，投喂量为每$20m^2$每天投喂豆浆300g，以后逐步增加到每天1.2kg。每天上午8：00～9：00、16：00～17：00，各投喂1次。

第二阶段是幼体孵出3周后到出池的这段时间，这个阶段应逐步减少豆浆的投喂量，增加苗种配合饲料的投喂，配合饲料的安全限量应符合中华人民共和国农业部颁布的《无公害食品 渔用配合饲料安全限量》NY5072—2002的规定，配合饲料每天投喂量为每$20m^2$80～100g，每天7：00～8：00，17：00～18：00时各投喂1次。

（3）施肥。养殖水体施用肥料是补充水体中无机营养的重要技术手段，但施用不当则会造成养殖水体的水质恶化并污染环境，影响无公害淡水虾的生产。因此在苗种培育期间，要控制施肥的次数和数量，一般每7～15天施腐熟的有机肥1次。每次施肥量为每$20m^2$孵化池施1.5～3kg。同时注入新水1次，注水量为5～10cm。

（4）疏苗。当幼虾生长到0.8～1cm时，为保证幼虾的健康生长要及时疏苗，此时，幼虾培育密度应控制在每平方米1 000尾以下。

（5）水质要求。虾苗培育池水质要定期测试，透明度控制在15～30cm，pH值7.5～8.5，溶解氧5mg/L以上，氨氮低于0.4mg/L。亚硝基氮0.02mg/L以下，硫化物0.1mg/L以下。若pH值低于7.5时，要适当泼洒生石灰浆，以提高pH值，改善水质条件。

（6）虾苗捕捞。经过15～20天培育，幼虾体长大于1.5cm时，可进行虾苗捕捞，进入无公害商品虾的养殖阶段。虾苗捕捞

可用放水集苗捕捞的方法。

(7) 虾苗运输。虾苗运输前要准备好运输用水。运输用水必须与幼苗养殖用水的水质相同，这样在运输途中才能保证幼苗的成活率。幼苗的运输一般采用无毒的聚乙烯塑料袋，塑料袋在使用前要检查有无砂眼，防止运输途中漏水造成损失。塑料袋中加入水，将称过重的虾苗倒入袋中，充入氧气。扎紧袋口，就可以装车运输了。

(三) 成虾饲养

虾苗放养后就进入了成虾饲养阶段。

1. 放养前准备

虾苗放养前要做一些准备工作，首先是清塘消毒。

(1) 清塘消毒。池塘消毒的方法和前面介绍的亲虾池消毒一样。

(2) 注水施肥。晒塘完成后就要向池内注水施肥了，虾苗放养前 5 ~7 天，池塘注水 50 ~80cm，注水时要检查过滤设施是否完好，以防大型鱼类的进入。注水后，撒施腐熟的有机肥，用量为每 1 500 ~2 500kg，施肥的目的是培育幼虾喜食的轮虫、枝角类和桡足类等浮游生物。

2. 虾苗放养

准备工作都作好后就可以进行放苗了。放苗应选择在 7 ~8 月进行。每亩放养虾苗 10 万 ~12 万尾。

放苗时应注意的事项：一是放养前先取池水试养虾苗，在证实池水对虾苗无不利影响时，才开始正式放养虾苗；二是池水 pH 值和溶解氧含量都要与育苗池相近；三是放苗时先将盛有虾苗的袋放入池水里浸泡 20 分钟，使虾苗袋内水温接近池水水温后可以进行放苗了；四是同一养殖池内最好用同一批孵化培育的虾苗，且一次放足；五是要将虾苗放到浅水区的密网上，让它们自行离开，以便清除病死虾和计数。

3. 饲养管理

虾苗放养后就进入了商品虾饲养管理阶段。在商品虾的日常饲喂中，饲料的投喂应遵循“四定”投饲原则，做到定质、定量、定位、定时。

(1) 饲料要求。无公害淡水虾的养殖中，应提倡使用配合饲料，配合饲料应无发霉变质、无污染，其安全限量要求符合中华人民共和国农业部颁布的《无公害食品 渔用配合饲料安全限量》NY5072—2002的规定；鲜活饲料应新鲜、适口、无腐败变质、无毒、无污染。

(2) 投喂方法。在饲喂中要掌握科学的投喂方法，每日投2次，每天8：00~9：00、18：00~19：00各1次，上午投喂量为日投喂总量的1/3，余下2/3傍晚投喂；饲料一般投喂在离池边1.5m的水下，可多点式，也可一线式投喂。

(3) 投喂量。饲料的投喂量也要有一定要求。在不同季节，配合饲料的日投喂量也不相同，我们可以根据放苗的时间大致推算出此时虾的体重，再根据虾的体重来决定饲料的投喂量。一般应遵循下边的原则，6月日投喂量为虾体重的4%~5%；7月、8月、9月3个月日投喂量为虾体重的5%；10月日投喂量为虾体重的5%~4%。实际生产中投喂量还应结合天气、水质、水温、摄食及蜕壳情况等灵活掌握，适当增减投喂量。以虾即能吃饱又不剩料为宜。

(4) 水质管理。水质管理也是商品虾无公害生产中的一项重要管理工作。放养后的前一个月为养殖前期，第二个月为养殖中期，两个月后为养殖后期。养殖前期，池水透明度应控制在25~30cm，养殖中期，透明度应控制在30cm，养殖后期，透明度应控制在30~35cm。每个时期池水水色都应保持黄禄色或黄褐色，pH值在7.8~8.6，溶解氧4mg/L以上，氨氮0.5mg/L以下，亚硝基氮0.02 mg/L以下，硫化物0.1mg/L以下。

①施肥调水：施肥可以达到调节水质的目的。一般在养殖前期每10～15天施腐熟的有机肥1次，中后期每15～20天施腐熟的有机肥1次，每次施肥量为每亩（667m^2）施50～100kg。

②注换新水：为了调节水质在养殖期间要多次注换新水，一般养殖前期不换水，每7～10天注新水1次，每次10～20cm；中期每15～20天注换水1次，换水量为15～20cm；后期每周1次，每次换水量为15～20cm。

③底质调控：由于底质也会对水质产生影响，因此，适时进行底质调控是很必要的。底质调控的方法：一是要适量投饵，减少剩余残饵；二是要定期使用低质改良剂对池塘底质进行调控，一般用量为每亩（667m^2）3～5kg，每月使用1～2次。

④泼石灰水：泼石灰水能起到调节池水pH值的作用。淡水虾饲养期间，每15～20天每亩（667m^2）用生石灰10kg，化成浆液后全池均匀泼洒。泼石灰水不仅能调节池水的pH值，而且还能对池水起到消毒作用。

（5）巡塘。巡塘是养殖中一项重要的管理工作。每天早、晚各巡塘1次，观察水色变化，以及虾活动、摄食和蜕壳等情况；检查塘基有无渗漏。发现缺氧，立即开启增氧机或用水泵冲水。

（6）增氧。生长期间，为了保证虾的健康，要对虾池进行增氧。一般每天凌晨和中午各开增氧机1次，每次1～2小时；雨天或气压低时，延长开机时间1小时。

（7）抽查。抽查是了解虾生长情况和及时发现问题的有效途径。每10～15天用虾笼抽样1次，抽样数量要大于50尾，检查虾的生长、摄食情况，检查有无病害，以此作为调整投喂量和药物使用的依据。

4. 病害防治

正确的病害防治方法是生产无公害淡水虾的关键。养殖过程中出现的疾病主要有黑鳃病、软壳病、纤毛虫病、肠炎病、红腿病和红体病。黑鳃病症状为虾鳃组织变黑、鳃丝萎缩糜烂。软壳病症状为虾壳变软，虾因脱壳困难而死亡。纤毛虫病症状为虾的鳃、体表、附肢上出现一层黑色绒状物，病虾呼吸困难。患肠炎病的虾解剖后发现肠道呈黑色，无食物，有的肠壁出现糜烂现象。红腿病症状为附肢变红。红体病症状为病虾不摄食，体表色素扩散，尾、足发红。

对病害的防治首先要认识清楚淡水虾疾病及其特征，对症下药；其次要了解药物的性状和作用，药物对环境的影响以及淡水虾对药物的反应特点合理用药；再有就是为保证淡水虾的无公害品质要控制用药。总之使用防治药物应符合中华人民共和国农业部颁布的《无公害食品　渔用药物使用准则》NY5071—2002 的要求。在无公害淡水虾的疾病治疗中还要考虑到药物的残留应符合国家对无公害水产品的要求，因此在用药时要注意各种药物的休药期。

5. 捕捞

经过 3 ~4 个月的饲养，当虾长到 5cm 以上时就可以捕捞了。在成品虾的运输途中为了确保无公害产品的品质，在运输用水中可加入适量的冰块，以减少虾的死亡。

第四章　无公害农产品安全加工、包装技术

农产品大多以鲜活产品为主，且多为异地销售。为确保广大消费者能够吃到色、香、味俱全和品质优良的农产品，在加工、包装、贮存、运输过程中适当采取一定的保鲜防腐技术是必要的，也是发展的必然方向。因此，《农产品质量安全法》和《食品质量安全法》中规定农产品在包装、保鲜、贮存、运输中使用的保鲜剂、防腐剂、添加剂等材料，必须符合国家强制性技术规范要求。

一、加工

加工区远离厕所、垃圾场、医院污染源，加工过程中，主要防止重金属和微生物的污染以及夹杂物的混入，具体措施：①加工中尽量减少与地面接触，这样可减少泥沙等夹杂物的混入以及微生物的污染；②精制过程中应增设磁性夹杂物剔除设备；③选择无重金属污染的机具，保持车间和机具的卫生。

二、包装

包装材料符合无公害标准要求，坚固、卫生，符合环保要求，不产生有毒有害物质和气体，单一材质的包装容器应符合相应国家标准；复合包装袋应符合规定。包装材料仓库应保持清洁，防尘，防污染。包装容器内外表面保持清洁。包装容器应该用干燥、清洁、无异味以及不影响产品品质的材料制成，包装要

牢固、密封、防潮。装袋必须用麻袋或专用包装袋，装箱外包装采用特制木箱、纸箱、塑料箱等，成品应及时包装入库，应有产品标签和检验合格证、生产日期、等级；不同等级、品种应分堆储存，标志清晰。同时，法律还确立了农产品标志管理制度，明确了无公害农产品标志和其他优质农产品标志受法律保护，禁止冒用。具体要求有：

（1）农产品生产企业、农民专业合作经济组织以及从事农产品收购的单位或者个人销售的农产品，按照规定应当包装或者附加标志的，须经包装或者附加标志后方可销售。包装物或者标志上应当按照规定标明产品的品名、产地、生产者、生产日期、保质期、产品质量等级等内容；使用添加剂的，还应当按照规定标明添加剂的名称。具体办法由国务院农业行政主管部门制定。

（2）农产品在包装、保鲜、贮存、运输中所使用的保鲜剂、防腐剂、添加剂等材料，应当符合国家有关强制性的技术规范。

（3）属于农业转基因生物的农产品，应当按照农业转基因生物安全管理的有关规定进行标志。

（4）依法需要实施检疫的动植物及其产品，应当附具检疫合格标志、检疫合格证明。

（5）销售的农产品必须符合农产品质量安全标准，生产者可以申请使用无公害农产品标志。农产品质量符合国家规定的有关优质农产品标准的，生产者可以申请使用相应的农产品质量标志。

（6）禁止冒用前款规定的农产品质量标志。

第五章　无公害农产品安全贮藏和运输

一、贮藏

常用的安全贮藏方法主要有：

（1）冷藏。低温可使农产品呼吸强度下降，水分损失减少，微生物生长受到抑制。

（2）干燥或脱水。干燥的农产品本身生理活动降低到很低，微生物活动也得到有效的抑制，适于长期贮藏。

（3）控制和限制贮藏环境气体。改变贮藏环境中呼吸气体的浓度可以抑制农产品的呼吸作用和其他新陈代谢反应。

（4）物理处理。热处理（热水、蒸汽）可杀灭病原菌，并改变后熟、果实颜色的乙烯产生率。γ-射线辐射是杀死微生物的一种有效方法，紫外线辐射可诱导出果蔬对腐烂的抗性，推迟后熟过程。

（5）施用化学物质。

（6）生物控制。

二、运输

（1）等待运输或运输中保持通风良好，防日晒雨淋，止高温。

（2）搬动时要轻搬轻放，不能与有毒、有害、有异味的货物混装混运。

（3）运输销售过程中保持清洁卫生，减少病虫侵染。

（4）运输途中不在疫区停留。

（5）运输车辆必须无污染，严禁用运过农药、化肥、饲料的车辆运输。

第六章　农产品质量安全体系

第一节　农产品质量安全体系概述

一、农产品范围及其质量安全内涵

农产品范围直接关系到各部门管理职责的定位和管理范围的确定，是一个事关农产品质量安全管到什么程度，管到什么环节的问题。总体上看，对农产品的定义目前是多种多样，说法不一。国内如此，国际也尚无统一定论。按照国际公认和国内普遍认可的观点，农产品是指动物、植物、微生物产品及其初加工品，包括食用和非食用两个方面。但在农产品质量安全管理方面，大家常说的农产品，多指食用农产品，包括鲜活农产品及其直接加工品。农产品质量安全，通常有3种认识：一是把质量安全作为一个词组，是农产品安全、优质、营养要素的综合，这个概念被现行的国家标准和行业标准所采纳，但与国际通行说法不一致。二是指质量中的安全因素，从广义上讲，质量应当包含安全，之所以叫质量安全，是要在质量的诸因子中突出安全因素，引起人们的关注和重视。这种说法符合目前的工作实际和工作重点。三是指质量和安全的组合，质量是指农产品的外观和内在品质，即农产品的使用价值、商品性能，如营养成分、色香味和口感、加工特性以及包装标志；安全是指农产品的危害因素，如农药残留、兽药残留、重金属污染等对人和动植物以及环境存在的危害与潜在危害。这种说法符合国际通行原则，也是将来管理分类的方向。从3种定义的分析可以看出，农产品质量安全概念是在不断发展变化的，应当说在不同的时期和不同的发展阶段对农产品的质量安全有各自的理解。目的是抓住主要矛盾，解决各个时期和各个阶段面临的突出问题。从发展趋势看，大多是先笼统地抓质量安全，启用第一种概念；进而突出安全，推崇第二种概念；最后在安全问题解决的基础上重点是提高品质，抓好质量，也就是推广第三种概念。总体上讲，生产出既安全又优质的农产品，既是农业生产的根本目的，也是农产品市场消费的基本要求，更是农产品市场竞争的内涵和载体。

二、农产品质量安全技术体系

农产品质量安全技术体系应包括农产品安全监管体系、农产品安全科技支撑体系、农产品安全标准体系、农产品安全检测体系、农产品质量安全认证体系、农产品安全信息体系、农产品突发事件应急体系、农产品安全管理体系和农产品法律法规体系。这里主要介绍我国的农产品质量安全标准体系、农产品质量安全检验检测体系、农业技术推广体系和农产品认证认可体系。

（一）农产品质量安全标准体系

农产品质量安全标准体系是农业标准体系中涉及农产品安全和质量中强执行的技术规范的有机系统。我国现行的农产品卫生标准、无公害食品系列标准等相关的强制性国家标准和行业标准都属于农产品质量安全标准。农业标准体系范围包括种植业、畜牧业、渔业等行业所设计的标准。种植业包含水稻、小麦、玉米、大豆、油菜、棉花、蔬菜、水果、茶叶、花卉、食用菌、糖料、麻类、橡胶等不同产品所设计的标准；畜牧业包含猪、牛、羊、鸡、鸭、兔、蜂、饲料等产品所设计的标准；渔业包含鱼、虾、贝、藻等产品所实际的标准。我国现行农业标准体系的层级，则由农业国家标准、行业标准、地方性标准和企业标准四级

组成，国家标准、行业标准和地方标准3个层级为政府性标准。

（二）农产品质量安全检验检测体系

从20世纪80年代中期开始，按照国家关于加快建立健全农产品质量安全检验检测体系的有关要求，从农业产业发展的客观需要出发，加强了农产品质量安全检验检测体系的建设和管理工作。经过多年的规划建设，目前我国部、省、县三级构成的农产品质量安全检验检测体系已初具规模，质检机构的检测条件有了一定的改善，从业人员素质得到了显著提高，检测能力基本能满足我国重点行业和重点产品现有国家、行业标准和地方标准的规定要求。这些质检机构在促进我国农产品质量安全水平的全面提高，保障农产品消费安全方面发挥了重要作用。

（三）农业技术推广体系

农业技术推广体系是农业社会化服务体系和国家对农业支持保护体系的重要组成部分，是实施农产品质量安全的重要载体。经过多年的努力，我国已初步形成了比较健全的农业技术推广体系，农业技术推广事业有了长足的发展。各级农业技术推广机构在农业技术引进、试验示范和推广应用，开展技术培训和咨询，提高农民素质，推动农业和农村经济发展，发挥了不可替代的作用。

（四）农产品认证认可体系

认证是指由具有资质的专门机构证明产品、服务、管理体系符合相关技术规范的强制性要求或者标准的合格性评定活动，其基本功能是为市场或消费者提供符合标准和技术规范要求的产品、服务和管理体系信息。农产品质量认证始于20世纪初美国开展的农作物种子认证，并以有机食品认证为代表。我国农产品认证始于20世纪90年代初农业部实施的绿色食品认证。20世纪90年代后期，国内的一些机构引入国外有机食品标准，实施了有机食品认证。2001年，为全面提高农产品质量安全水平，农业部提出了无公害农产品的概念，并组织实施了“无公害食品行动计划”，2003年实现了统一标准、统一标志、统一程序、统一管理、统一监督的全国统一无公害农产品认证。无公害农产品、绿色食品和有机食品（农产品），三者简称“三品”。国家认监委致力于推动建立包括有机产品认证在内的、与国际接轨的食品农产品认证认可体系，在农业部、商务部、发改委、环保部等各相关部门大力支持下，目前，已基本建立了贯穿“从农田到餐桌”全过程，覆盖了种植、养殖、生产加工、储存、运输、销售等各个环节的食品、农产品认证认可体系，主要包括饲料产品认证、良好农业规范（GAP）认证、无公害农产品认证、绿色食品认证、有机产品认证、地理标志认证、危害分析与关键控制点（HACCP）/食品安全管理体系管理体系认证、食品质量—酒类认证、绿色市场认证等。这些认证制度的推行与实施，为提高我国食品农产品生产和管理水平，保障食品和农产品质量安全，促进我国产品进入国际市场发挥了重要作用。

农产品质量安全认证在我国是一项新兴的事业，有一个适应新阶段农业发展战略目标和任务要求，不断探索、总结规律、创新模式、规范完善、提高水平的过程。今后，随着我国农业发展水平的不断提高，农产品质量安全保障体系的逐步完善，国家有关法律法规的建立健全，农产品质量安全认证将朝着更科学、更规范、更有效率的方向健康地加快发展。

三、农产品质量安全总体要求

（一）产地环境管理要求

农产品产地环境对农产品质量安全具有直接、重大的影响。近年来，因为农产品产地的土壤、大气、水体被污染而严重影响农产品质量安全的问题时有发生。抓好农产品产地管理，是保障农产品质量安全的前提。农产品质量安全法规定，县级以上政府

应当加强农产品产地管理，改善农产品生产条件。禁止违反法律、法规的规定向农产品产地排放或者倾倒废水、废气、固体废物或者其他有毒有害物质；禁止在有毒有害物质超过规定标准的区域生产、捕捞、采集农产品和建立农产品生产基地。县级以上地方政府农业主管部门按照保障农产品质量安全的要求，根据农产品品种特性和生产区域大气、土壤、水体中有毒有害物质状况等因素，认为不适宜特定农产品生产的，应当提出禁止生产的区域，报本级政府批准后公布执行。

（二）农业投入品管理要求

要按照《农药管理条例》《兽药管理条例》《饲料及饲料添加剂管理条例》《中华人民共和国种子法》等法律法规，健全农业投入品市场准入制度，引导农业投入品的结构调整与优化，逐步淘汰高残毒农业投入品，发展高效低残毒产品。要建立农业投入品监测、禁用、限用制度，加强对农业投入品的市场监管，严厉打击制售和使用假冒伪劣农业投入品的行为。

（三）标准化生产要求

农业标准化是指运用“统一、简化、协调、优选”的原则，对农业生产产前、产中、产后全过程，通过制定标准和实施标准，促进先进的农业科技成果和经验较快地得到推广应用。按标准组织生产是规范生产经营行为的重要措施，是工业化理念指导农业的重要手段，是确保农产品质量安全的根本之策。农业标准化生产基地是指基地环境符合有关标准要求，在生产过程中严格按现行标准进行标准化管理的农业生产基地。标准化基地是标准化建设的重要内容，是在农业生产环节实践农业标准的主要手段，也是从源头解决农产品质量安全问题的重要措施。具体要求有：农产品生产者应当按照法律、行政法规和国务院农业行政主管部门的规定，合理使用农业投入品，严格执行农业投入品使用安全间隔期或者休药期的规定；农产品生产企业、农民专业合作经济组织应当建立农产品生产记录，禁止伪造农产品生产记录。

（四）农产品包装和标志要求

农产品质量安全法对农产品的包装和标志要求逐步建立农产品的包装和标志制度，对于方便消费者识别农产品质量安全状况，对于逐步建立农产品质量安全追溯制度，都具有重要作用。农产品质量安全法对于农产品包装和标志的规定主要包括：①对国务院农业主管部门规定在销售时应当包装和附加标志的农产品，农产品生产企业、农民专业合作经济组织以及从事农产品收购的单位或者个人，应当按照规定包装或者附加标志后方可销售；属于农业转基因生物的农产品，应当按照农业转基因生物安全管理的规定进行标志。依法需要实施检疫的动植物及其产品，应当附具检疫合格的标志、证明。②农产品在包装、保鲜、贮存、运输中使用的保鲜剂、防腐剂和添加剂等材料，应当符合国家有关强制性的技术规范。③销售的农产品符合农产品质量安全标准的，生产者可以申请使用无公害农产品标志；农产品质量符合国家规定的有关优质农产品标准的，生产者可以申请使用相应的农产品质量标志。

（五）农产品质量安全监督检查制度要求

依法实施对农产品质量安全状况的监督检查，是防止不符合农产品质量安全标准的产品流入市场、进入消费，危害人民群众健康、安全后果的必要措施，是农产品质量安全监管部门必须履行的法定职责。农产品质量安全法规定的农产品质量安全监督检查制度的主要内容包括：

（1）县级以上政府农业主管部门应当制定并组织实施农产品质量安全监测计划，对生产中或者市场上销售的农产品进行监督抽查，监督抽查结果由省级以上政府农业主管部门予以公告，以保证公众对农产品质量安全状况的知情权。

（2）监督抽查检测应当委托具有相应的检测条件和能力检

测机构承担，并不得向被抽查人收取费用。被抽查人对监督抽查结果有异议的，可以申请复检。

(3) 县级以上农业主管部门可以对生产、销售的农产品进行现场检查，查阅、复制与农产品质量安全有关的记录和其他资料，调查了解有关情况。对经检测不符合农产品质量安全标准的农产品，有权查封、扣押。

(4) 对检查发现的不符合农产品质量安全标准的产品，责令停止销售、进行无害化处理或者予以监督销毁；对责任者依法给予没收违法所得、罚款等行政处罚；对构成犯罪的，由司法机关依法追究刑事责任。

第二节　无公害农产品、绿色食品及有机食品

一、无公害农产品

无公害农产品是指产地环境、生产过程、产品质量符合国家有关和规范要求，经认证合格获得认证证书并允许使用无公害农产品标准标志的，可直接用作食品的农产品或初加工的农产品。目前，我国无公害农产品认证依据的标准是中华人民共和国农业部颁发的农业行业标准（NY5000 系列标准）。

二、绿色食品

绿色食品是指产自优良环境，按照规定的技术规范生产，实行全程质量控制，无污染、安全、优质并使用专用标志的食用农产品及加工品。农业部发布的推荐性农业行业标准（NY/T），是绿色食品生产企业必须遵照执行的标准。它以国际食品法典委员会（CAC）标准为基础，参照发达国家标准制定，总体达到国际先进水平。绿色食品标准分为两个技术等级，即 AA 级绿色食品

标准和A级绿色食品标准。AA级绿色食品标准，要求生产地的环境质量符合《绿色食品产地环境质量标准》，生产过程中不使用化学合成的农药、肥料、食品添加剂、饲料添加剂、兽药及有害于环境和人体健康的生产资料，而是通过使用有机肥、种植绿肥、作物轮作、生物或物理方法等技术，培肥土壤、控制病虫草害、保护或提高产品品质，从而保证产品质量符合绿色食品产品标准要求。A级绿色食品标准，要求生产地的环境质量符合《绿色食品产地环境质量标准》，生产过程中严格按绿色食品生产资料使用准则和生产操作规程要求，限量使用限定的化学合成生产资料，并积极采用生物学技术和物理方法，保证产品质量符合绿色食品产品标准要求。

三、有机食品

有机食品是指来自于有机农业生产体系，根据国际有机农业生产要求和相应的标准生产加工的，即在原料生产和产品加工过程中不使用化肥、农药、生长激素、化学添加剂、化学色素和防腐剂等化学物质，不使用基因工程技术。并通过独立的有机食品认证机构认证的一切农副产品，包括粮食、蔬菜、水果、奶制品、畜禽产品、蜂蜜、水产品、调料等。

有机农业生产是在生产中不使用人工合成的肥料、农药、生长调节剂和畜禽饲料添加剂等物质，不采用基因工程获得的生物及其产物为手段，遵循自然规律和生态学原理，采取一系列可持续发展的农业技术，协调种植业和养殖业的关系，促进生态平衡、物种的多样性和资源的可持续利用的一种农业生产方式。

有机食品与其他食品的显著差别在于，有机食品的生产和加工过程中严格禁止使用农药、化肥、激素等人工合成物质，而一般食品的生产加工则允许有限制地使用这些物质。同时，有机食品还有其基本的质量要求：原料产地无任何污染，生产过程中不

使用任何化学合成的农药、肥料、除草剂和生长素等，加工过程中不使用任何化学合成的食品防腐剂、添加剂、人工色素和用有机溶剂提取等，贮藏、运输过程中不能受有害化学物质污染，必须符合国家食品卫生法的要求和食品行业质量标准。

有机食品在不同的语言中有不同的名称，国外最普遍的叫法是 ORGACIC FOOD 在其他语种中也有称生态食品、自然食品等。联合国粮农和世界卫生组织（FAO/WHO）的食品法典委员会（CODEX）将这类称谓各异但内涵实质基本相同的食品统称为"ORGANIC FOOD"，中文译为"有机食品"。

四、有机食品、绿色食品、无公害农产品主要异同点比较

我国是幅员辽阔，经济发展不平衡的农业大国，在全面建设小康社会的新阶段，健全农产品质量安全管理体系，提高农产品质量安全水平，增加农产品国际竞争力，是农业和农村经济发展的一个中心任务。为此，农业部经国务院批准，全面启动了"无公害食品行动计划"，并确立了"无公害食品、绿色食品、有机食品三位一体，整体推进"的发展战略。因此，有机食品、绿色食品、无公害食品都是农产品质量安全工作的有机组成部分。有机食品、绿色食品、无公害农产品主要异同点比较，见表 6－1。

表 6－1 无公害农产品、绿色食品、有机食品主要异同点比较

	无公害农产品	绿色食品	有机食品
相同点	1. 都是以食品质量安全为基本目标，强调食品生产"从土地到餐桌"的全程控制，都属于安全农产品范畴 2. 都有明确的概念界定和产地环境标准，生产技术标准以及产品质量标准和包装、标签、运输贮藏标准 3. 都必须经过权威机构认证并实行标志管理		

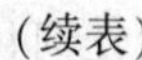
（续表）

		无公害农产品	绿色食品	有机食品
不同点	投入物方面	严格按规定使用农业投入品，禁止使用国家禁用、淘汰的农业投入品	允许使用限定的化学合成生产资料，对使用数量、使用次数有一定限制	不用人工合成的化肥、农药、生长调节剂和饲料添加剂
	基因工程方面	无限制	不准使用转基因技术	禁止使用转基因种子、种苗及一切基因工程技术和产品
	基因工程方面	无限制	不准使用转基因技术	禁止使用转基因种子、种苗及一切基因工程技术和产品
	生产体系方面	与常规农业生产体系基本相同，也没有转换期的要求	可以延用常规农业生产体系，没有转换期的要求	要求建立有机农业生产技术支撑体系，并且从常规农业到有机农业通常需要2~3年的转换期
	品质口味	口味、营养成分与常规食品基本无差别	口味、营养成分稍好于常规食品	大多数有机食品口味好、营养成分全面、干物质含量高
	有害物质残留	农药等有害物质允许残留量与常规食品国家标准要求基本相同，但更强调安全指标	大多数有害物质允许残留量与常规食品国家标准要求基本相同，但有部分指标严于常规食品国家标准，如绿色食品黄瓜标准要求敌敌畏≤0.1mg/kg，常规黄瓜国家标准要求敌敌畏≤0.2mg/kg	无化学农药残留（低于仪器的检出限）。实际上外环境的影响不可避免，如果有机食品中农药的残留量比常规食品国家标准允许含量低20倍以上，可视为符合有机食品标准
	认证方面	省级农业行政主管部门负责组织实施本辖区内无公害农产品产地的认定工作，属于政府行为，将来有可能成为强制性认证	属于自愿性认证，只有中国绿色食品发展中心一家认证机构	属于自愿性认证，有多家认证机构（需经国家认监委批准），国家环保总局为行业主管部门
	证书有效期	3年	3年	1年

五、绿色食品与有机食品生产技术概述

（一）绿色蔬菜生产技术

绿色食品蔬菜是无污染的安全、优质、营养类蔬菜的统称。按中国绿色食品中心制定的绿色食品蔬菜标准，将产品分为AA级绿色食品蔬菜和A级绿色食品蔬菜。AA级系指产地生态环境质量符合国家的环境标准，生产过程中不使用任何化学合成物，生产单位按特定的生产操作规程生产、加工，产品质量及包装经检测、检查符合特定标准，并经专门机构认定、许可，方可使用AA级绿色食品蔬菜标志的产品。A级系指在生态环境质量符合规定标准的产地，生产过程中允许限量使用限定的化学合成物，按特定的生产操作规程生产、加工，产品质量及包装经检测、检查符合特定标准，并经专门机构认定，方可使用A级绿色食品蔬菜标志的产品。我们一般都把A级绿色食品蔬菜的生产，作为我们的主要目标。绿色食品蔬菜生产首先要由绿色食品的主管部门对生产基地进行评估，主要对蔬菜基地的土壤、灌溉水和大气进行样品采集、测试和评价，由主管部门发给绿色食品蔬菜生产许可证。绿色食品蔬菜生产技术是一个完整的技术体系，要使产品达到绿色食品的标准，就必须按这些技术操作到位，其主要内容归纳如下。

1. 制定绿色食品蔬菜生产技术规程

绿色食品蔬菜的生产必须符合绿色食品的相应要求，每一个生产单位，应该根据要求，制定相应的生产技术规程。这个规程包括生产基地的选择、基地生产环境的保护、具体的生产措施、病虫害综合防治、肥水科学管理、产品的检测以及制订适合本单位具体情况的某一种蔬菜的专项操作规程。制订了规程以后，就应严格按规程操作。

2. 选用优良的蔬菜品种和育苗技术

选用优良的蔬菜品种，是绿色食品蔬菜生产的基础。种子的质量好，品种的抗病性、抗逆性强，不但可以夺取高产，提高蔬菜的质量，而且可以减少农药的使用量。科学育苗是绿色食品蔬菜生产的关键之一。工厂化育苗、电加温线育苗和保护地育苗是目前条件下培育壮苗的必须手段。在育苗之前，必须进行种子消毒。种子消毒的方法主要有以下几种。

（1）热水烫种。将种子投入5倍于种子重量的具有一定温度的热水中浸烫，并不断搅动，使种子受热均匀，待水温降至30℃时停止搅动，转入常规浸种催芽。番茄、辣椒和十字花科蔬菜种子用50～55℃的热水浸烫，可防猝倒病、立枯病、溃疡病、叶霉病、褐纹病、炭疽病、根肿病、菌核病等。黄瓜和茄子种子用75～80℃的热水烫种10分钟，能杀死枯萎病和炭疽病病菌，并使病毒失去活力。西瓜种子用90%的热水烫3分钟，随即放入等量的冷水，使水温立即降至50～55℃，并不断搅动，待水温降至30℃时，转入常规浸种催芽，能杀死多种病原物。

（2）干热消毒。将种子置于恒温箱内处理。番茄、辣椒和十字花科蔬菜种子需在72℃条件下处理72小时，茄子和葫芦科的种子需75℃处理96小时。豆科的种子耐热能力差，不能进行干热消毒。此法几乎能杀死种子内所有的病菌，并使病毒失活，但在消毒前一定要将种子晒干，否则，会杀死种子。

（3）药剂消毒。即用药剂浸种或拌种，如用0.1%的多菌灵溶液浸泡瓜类种子10分钟，可防枯萎病；浸泡茄果类种子2小时，可防黄萎病。如用10%的高锰酸钾溶液浸种20分钟，可防治茄果类蔬菜的病毒病和溃疡病等。但必须注意，不管用哪种药剂消毒后，都要将种子冲洗干净（拌种除外），方可转入常规浸种催芽或直播。

（4）复方消毒。即热水烫种与药剂消毒相结合，或干热消毒与药剂消毒相结合。如黄瓜、番茄用热水烫种后，再在500g浸种水中加50%多菌灵浸种1小时，可防治黄瓜枯萎病、蔓枯

病、炭疽病、菌核病，番茄灰霉病、叶霉病、斑枯病；将热水烫过的茄子种子再放到0.2%的高锰酸钾溶液中浸20分钟，对黄萎病、病毒病、绵疫病和褐纹病有良好防效。将干热消毒后的种子再用磷酸三钠消毒，其杀菌效果更好。在做好种子消毒工作后，春季育苗要做好苗床的温光控制，力争秧苗在保暖的基础上多照光，天气晴好和秧苗适应时要揭去小环棚薄膜，增强秧苗的光合作用。要以"六防"即防徒长、防老僵、防发病、防冻害、防风伤、防热害为中心，加强苗床管理。夏季育苗要注意覆盖遮阳网，它可以遮强光，降高温，保湿度，还可以防暴雨冲刷，提高出苗率和成苗率。夏季育苗的水分管理应注意"三凉"即凉地、凉苗、凉时浇灌，这样有利于秧苗健壮生长。

3. 病虫害的科学防治技术

绿色食品蔬菜生产的关键技术是病虫害的综合防治。病虫害综合防治技术主要有以下几种。

（1）农业防治。利用农业生产过程中各种技术措施和作物生长发育的各个环节，有目的地创造有利于作物生长发育的特定生态条件和农田小气候，创造不利于病虫生长繁殖的条件，以控制和减少病虫对作物生长造成的为害。主要措施有轮作，把根菜、叶菜、果菜类蔬菜合理地组合种植，以充分利用土壤肥力，改良土壤，并直接影响土壤中寄生生物的活动。蔬菜轮作首先要考虑在哪些蔬菜之间进行轮作。如黄瓜枯萎病的轮枝菌的寄主范围较广，若选择茄科的马铃薯或茄子轮作，病害会越来越重，因为他们都是轮枝菌的寄主。

（2）物理防治技术。病虫害的物理防治技术在绿色食品蔬菜生产中的应用前景会越来越好。①在高温季节进行土壤消毒。夏季高温期间，在大棚两茬作物间隙进行灌水，然后在畦上覆盖塑料薄膜，进行高温消毒。既杀灭了病虫，又减缓了大棚内的土壤次生盐渍的进程，是一项既省钱省力，又十分有效的措施。②

安装频振式杀虫灯杀虫。频振式杀虫灯是近几年推广的集光波与频振技术与一体的物理杀虫仪器，据上海市蔬菜科学技术推广站2002年的应用结果证明，它的杀虫谱广，种类达26种，其中有鳞翅目的小菜蛾、斜纹夜蛾、银纹夜蛾、甘蓝夜蛾、甜菜夜蛾、玉米螟；鞘翅目的金龟子、猿叶甲；同翅目的蚜虫；直翅目的油葫芦、蟋蟀等。在5~10月的6个月中，平均每灯的捕虫量在1 000g左右。每盏灯一般可控制1~2hm² 菜田，挂灯高度在100~120cm，挂灯时间依各地的天气而定，一般在4~11月。实践表明，挂杀虫灯的菜田不但减少了虫害，降低了虫口密度，而且还少用了农药。③利用防虫网防虫。在夏秋季节的绿色食品蔬菜生产中，实施以防虫网全程覆盖为主体的防虫措施十分有效，能有效防止小菜蛾、斜纹夜蛾、甜菜夜蛾、青虫、蚜虫等多种虫害。但防虫网覆盖栽培应注意选择20目左右的网，过密则通风情况不好；其次要注意在盖网之前对地块进行消毒和清洁田园；第三是覆盖要密封。④利用趋性灭虫。如用糖液诱集黏虫、甜菜夜蛾；用杨树枝诱杀棉铃虫、小菜蛾等。方法是把糖液钵按一定的距离放于菜田中，每10~15天换1次糖液。在田间放一定数量的杨树枝，诱使棉铃虫在上面产卵，然后把有锦铃虫卵的杨树枝清除、烧掉，以达到灭虫效果。另外，利用黄板诱杀黄色趋性的蚜虫、温室白粉虱、美洲斑潜蝇等；利用银灰膜避蚜等都有较好的功效。

（3）生物防治技术。生物防治技术可以取代部分化学农药，不污染蔬菜与环境。如利用赤眼蜂防治棉铃虫、菜青虫，利用丽蚜小蜂防治温室白粉虱，利用烟蚜茧蜂防治桃蚜、棉蚜等。又如利用苏云金杆菌（Bt）防治青虫、小菜蛾，用武夷菌素（BH－10）水剂防治瓜类白粉病。另外可利用生物农药如百草一号、苦参碱、烟碱等防治青虫、小菜蛾、蚜虫、粉虱、红蜘蛛等，效果比较明显。

（4）化学防治技术。在绿色食品蔬菜生产中，重点是正确掌握病虫害的化学防治技术。应该在病虫测报的基础上，选择高效、低毒、低残留的化学农药，如安打、米满、抑太保、锐劲特等。使用时必须严格掌握浓度和使用量，掌握农药的安全间隔期，实行农药的交替使用。特别要注意对症下药，适期防治，以达到用药少，防效好的目的。

4. 合理的施肥技术

在绿色食品蔬菜生产中，要增施有机肥，控制化肥，特别是氮化肥的使用量，化肥应与有机肥配合使用，化肥应该深施。叶菜类在收获前 10 ~ 15 天停止追肥，特别是氮化肥。有机肥应进行无公害处理，必须经充分堆制、沤制的腐熟有机肥才可使用；要根据有机肥的特性进行施肥，如堆肥、厩肥适用各种土壤和作物，而秸秆类肥料一般含碳氮比较高，在秸秆还田时必须同时使用适量高氮的肥料如尿素、人畜粪等，以降低碳氮比，加速腐熟。要根据作物的生长规律施肥。如叶菜类全生育期需氮较多，生长盛期需适量磷、钾肥；果菜类在幼苗期需氮较多，而进入生殖生长期则需磷较多而氮的吸收量略减。要根据绿色食品蔬菜生产的特点，结合土壤肥力状况进行施肥。

5. 科学而严格的管理

绿色食品蔬菜生产必须有一套科学而严格的管理制度，以确保每个环节都按照制订的技术规程来操作。要建立以单位或基地负责人为首的，由技术负责人、质量检验员、田间档案记录员等参加的生产质量检查工作班子，并有明确的分工，做到职责明确，分头把关，对绿色食品蔬菜生产过程进行严格管理，全程控制，这是绿色食品生产中关键的关键。

（二）有机蔬菜生产技术规程

有机蔬菜生产过程中不使用化学合成农药、化肥、除草剂和生长调节剂等物质以及基因工程生物及其产物，遵循自然规律和生态学原理，采取一系列可持续发展的农业技术，协调种植平衡，维持农业生态系统持续稳定，且经过有机认证机构鉴定认可并颁发有机证书。

1. 有机蔬菜基地基本要求

（1）基地选择。基地是有机蔬菜生产的基础，其生态环境条件是影响产品质量的重要因素之一。有机蔬菜基地的土地应是完整的地块，其间不能夹有进行常规生产的地块，但允许夹有有机转换地块；有机蔬菜基地与常规地块交界处必须有明显标记，如河流、山丘、人为设置的隔离带等。

基地的环境条件主要包括大气、水和土壤等。虽然目前有机农业还没有一整套对环境条件的要求和环境因子的质量评价体系，但作为有机产品生产基地应选择空气清洁、水质纯净、土壤未受污染、具有良好生态环境的地区，其环境因子指标应达到国家土壤质量标准、灌溉水质量标准和大气质量标准等。避免在废水污染和固体废弃物周围 2～5m 范围内进行有机蔬菜生产。

（2）转换期。由常规生产系统向有机生产转换通常需 2 年时间，其后播种的蔬菜收获后才可作为有机产品；多年生蔬菜在收获之前需经过 3 年转换时间才能作为有机产品。转换期的开始时间从向认证机构申请认证之日起计算，生产者在转换期间必须完全按有机生产要求操作。经 1 年有机转换后的田块中生长的蔬菜，可作为有机转换产品销售。

2. 有机蔬菜栽培管理

（1）品种选择。应使用有机蔬菜种子和种苗。在得不到认证的有机种子和种苗的情况下（如在有机种植的初始阶段），可使用未经禁用物质处理的常规种子。应选择适应当地土壤和气候特点，对病虫害有抗性的蔬菜种类及品种，在品种选择中要充分考虑保护作物遗传多样性。禁止使用包衣种子和转基因种子。

（2）种子处理技。种子消毒是预防蔬菜病虫方法经济有效，

可应用天然物质消毒和温汤浸种技术。天然物质消毒可采用高锰酸钾300倍液浸泡2小时、木醋液200倍液浸泡3小时、石灰水100倍液浸泡1小时或硫酸铜100倍液浸泡1小时。天然物质消毒后温汤浸种4小时。

（3）土壤和棚室消毒。对于进行预期轮作仍然存在问题的菜地，选用物理的或天然物质进行土壤消毒。土壤消毒物质可采用3～5度石硫合剂、晶体石硫合剂100倍液、生石灰3 715kg/hm^2、高锰酸钾100倍液或木醋液50倍液。苗床消毒可在播种前3～5天，用木醋液50倍液进行苗床喷洒，盖地膜或塑料薄膜密闭；或用硫黄（0.15kg/m^2）与基质混合，盖塑料薄膜密封。

（4）轮作换茬和清洁。田园有机蔬菜生产基地应采用包括豆科作物或绿肥在内的至少3种作物进行轮作。1年只能生长1茬蔬菜的地区，允许采用包括豆科作物在内的2种作物轮作。前茬蔬菜腾茬后，彻底打扫和清洁，将病残体全部运出基地销毁或深埋，以减少病害基数。

3. 有机蔬菜肥料使用技术

（1）允许使用的肥料种类。生产有机蔬菜允许使用有机肥料（包括动植物的粪便和残体，植物沤制肥、绿肥、草木灰和饼肥等，通过有机认证的有机专用肥和部分微生物肥料）和部分矿物质（包括钾矿粉、磷矿粉和氯化钙等物质）。

（2）肥料使用方法。肥料使用应做到种菜与培肥地力同步进行。使用动物肥和植物肥数量以1∶1为宜。每种蔬菜一般底施有机肥45～60t/hm^2，追施有机专用肥1 500kg/hm^2。要施足底肥，将施肥总量的80%用作底肥，结合整地将肥料均匀混入耕作层内，以利根系吸收。同时，要巧施追肥。对于种植密度大、根系浅的蔬菜可采用铺肥追肥方式，即当蔬菜长至3～4片叶时，将肥料晾干制细，均匀撒到菜地内，并及时浇水；对于种植行距较大、根系较集中的蔬菜，可开沟条施追肥，注意开沟时不要伤断根系，将肥料撒入沟内，用土盖好后及时浇水；对于种植行株距大的蔬菜，可采用开穴追肥方式。

4. 有机蔬菜病虫草害防治技术

有机蔬菜在生产过程中禁止使用所有化学合成农药，禁止使用由基因工程技术生产的产品。有机蔬菜病虫草害防治要坚持“预防为主，防治结合”的原则。通过选用抗病品种、高温消毒、合理肥水管理、轮作、多样化间作套种、保护天敌等农业措施和物理措施综合防治病虫草害。

(1) 病害防治。可使用石灰、硫黄和波尔多液防治蔬菜多种病害。允许有限制性地使用含铜材料，如氢氧化铜、硫酸铜等杀真菌剂来防治蔬菜真菌性病害。可用抑制作物真菌病害的软皂、植物制剂或醋等物质防治蔬菜真菌性病害。高锰酸钾是一种很好的杀菌剂，能防治多种病害。允许使用微生物及其发酵产品防治蔬菜病害。

(2) 虫害防治。提倡通过释放寄生性捕食性天敌动物（如赤眼蜂、瓢虫和捕食螨等）来防治虫害。允许使用软皂、植物性杀虫剂或当地生长的植物提取剂等防治虫害。可在诱捕器和散发器皿中使用性诱剂，允许使用视觉性（黄粘板）和物理性捕虫设施（如防虫网）防治虫害。可以有限制地使用鱼藤酮、植物来源的除虫菊酯、乳化植物油和硅藻土杀虫。允许有限制地使用微生物及其制剂，如杀螟杆菌、Bt 制剂等。

(3) 杂草控制。通过采用限制杂草生长发育的栽培技术（如轮作、绿肥和休耕等）控制杂草。提倡使用秸秆覆盖除草。允许采用机械和电热除草。禁止使用基因工程产品和化学除草剂除草。

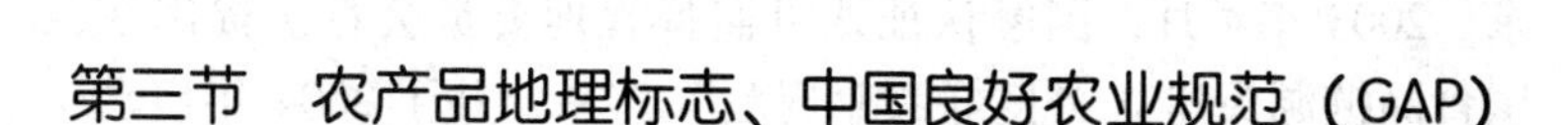

第三节　农产品地理标志、中国良好农业规范（GAP）

一、农产品地理标志

农产品地理标志是指标示农产品来源于特定地域，产品品质和相关特征主要取决于自然生态环境和历史人文因素，并以地域名称冠名的特有农产品标志。2007 年 12 月，农业部发布了《农产品地理标志管理办法》，农业部负责全国农产品地理标志的登记工作，农业部农产品质量安全中心负责农产品地理标志登记的审查和专家评审工作。

二、中国良好农业规范（GAP）

1997 年，欧洲零售商农产品工作组（EUREP）在零售商的倡导下提出了"良好农业规范（Good Agricultural Practices，简称 GAP）"，简称为 EUREPGAP；2001 年，EUREP 秘书处首次将 EUREPGAP 标准对外公开发布。EUREPGAP 标准主要针对初级农产品生产的种植业和养殖业，分别制定和执行各自的操作规范，鼓励减少农用化学品和药品的使用，关注动物福利、环境保护、工人的健康、安全和福利，保证初级农产品生产安全的一套规范体系。它是以危害预防（HACCP）、良好卫生规范、可持续发展农业和持续改良农场体系为基础，避免在农产品生产过程中受到外来物质的严重污染和危害。该标准主要涉及大田作物种植、水果和蔬菜种植、畜禽养殖、牛羊养殖、奶牛养殖、生猪养殖、家禽养殖、畜禽公路运输等农业产业。水产养殖和咖啡种植的 EUREPGAP 标准正在制订和完善之中。

2003 年，我国卫生部制订和发布了"中药材 GAP 生产试点认证检查评定办法"，作为中国官方对中药材生产组织的控制要求。2003年4月，国家认证认可监督管理委员会首次提出在我国食品链源头建立“良好农业规范”体系，并于2004年启动了ChinaGAP标准的编写和制定工作，ChinaGAP标准起草主要参照EUREPGAP标准的控制条款，并结合中国国情和法规要求编写而成，目前ChinaGAP标准为系列标准，包括：术语、农场基础控制点与符合性规范、作物基础控制点与符合性规范、大田作物控制点与符合性规范、水果和蔬菜控制点与符合性规范、畜禽基础控制点与符合性规范、牛羊控制点与符合性规范、奶牛控制点与符合性规范、生猪控制点与符合性规范、家禽控制点与符合性规范。国家认证认可监督管理委员会和FoodPLUS GmbH（为EUREP秘书处）正在将ChinaGAP与EUREPGAP进行基准比较，以期获得EUREP秘书处对ChinaGAP的认可，ChinaGAP标准的发布和实施必将有力地推动我国农业生产的可持续发展，提升我国农产品的安全水平和国际竞争力。ChinaGAP认证分为2个级别的认证：一级认证要求满足适用模块中所有适用的一级控制点要求，并且在所有适用模块（包括适用的基础模块）中，除果蔬类以外的产品应至少符合每个单个模块适用的二级控制点数量的90%的要求，对于果蔬类产品应至少符合所有适用模块中适用的二级控制点总数的90%的要求，所有产品均不设定三级控制点的最低符合百分比；二级认证要求所有产品应至少符合所有适用模块中适用的一级控制点总数的95%的要求，不设定二级控制点、三级控制点的最低符合百分比。

三、农产品质量可追溯制度

可追溯制度（Traceability System）通过登记的识别码，对商品或行为的历史和使用或位置予以追踪的能力。可追溯性是利用已记录的标记（这种标志对每一批产品都是唯一的，即标记和被追溯对象有一一对应关系，同时，这类标志已作为记录保存）追

溯产品的历史（包括用于该产品的原材料、零部件的来历）、应用情况、所处场所或类似产品或活动的能力。

建立农产品质量可追溯制度（Traceability System），从根本上说，就是明确生产、流通各环节上主体责任，建立责任追究制度。建立可追溯制度的目的在于：当出现产品质量问题时，能够快速有效地查询到出问题的原料或加工环节，必要时进行产品召回，并实施有针对性的惩罚措施，由此来提高产品质量水平。

2002 年，美国国会通过了“生物反恐法案”，将食品安全提高到国家安全战略高度，提出“实行从农场到餐桌的风险管理”。国家对食品安全实行强制性管理，要求企业必须建立产品可追溯制度。2009 年 6 月 17 日，美国新通过《2009 年食品安全加强法》，要求所有加工食品须附有标签，显示进行最后加工的国家名称；所有非加工食品须附有标签，显示原产地。推行安全计划控制风险；遵守食品及药物管理局自愿安全指引的进口商提供快速进境安排；对食品生产商、加工商、运输公司或仓库实施可追溯规定；美国的农产品可追溯制度管理的强制性：所有进口到美国的食品必须经过国家食品药品安全管理局（FDA）或美国农业部（USDA）的登记，经检验合格的才能允许进口。

2002 年，欧盟颁布了第 178/2002 号法规（又称一般食品法），要求从 2005 年 1 月 1 日起，凡是在欧盟国家销售的食品必须具备可追溯性，否则不允许上市销售，并且禁止进口不具备可追溯性的食品。

加拿大于 2002 年 7 月 1 日强制实施牛标志制度，要求所有的牛采用 29 种经过认证的条形码、塑料悬挂耳标或两个电子纽扣耳标来标志初始牛群。到 2008 年，加拿大将有 80% 的农业食品联合体实行农产品可追溯行动。

农业部门将以开展农产品质量安全专项整治行动为契机，进一步加大示范、推动、引导、服务力度，全面推进农产品质量安全可追溯管理，进一步提高农产品质量安全保障能力和水平。一是扩大试点范围，健全以《农产品质量安全法》为基础的相关制度，加快可追溯管理步伐。二是继续推进农业标准化生产示范基地建设，加强无公害农产品生产基地建设，增加基地的数量和规模；在农产品标准化生产基地开展全程可追溯制度，通过标准化生产基地的示范作用，扩大辐射面，提高影响力；指导农产品生产企业、农民合作社、认证产品和出口农产品生产基地建立生产档案，推行农产品包装和标志制度。三是完善质量安全追溯机制，农业部会同有关部门规范农产品销售票证，全面推行农产品批发市场索证索票管理，把产地编码、产品编码、生产档案、包装标志、索证索票有机衔接起来，完善从农田到市场的追溯链条。四是逐步建立全国联网的农产品质量安全综合管理信息平台，强化追溯、预警和信息发布。五是加强农产品质量安全管理追溯技术研究，加快农产品编码技术、电子识别技术及电子标签技术的应用。

近年来，我国对农产品质量安全追溯理论与实践进行了积极探索。2004 年，农业部启动了 8 城市农产品质量安全监管系统试点工作，狠抓农产品产地安全、农产品生产记录、包装标志和市场准入的全程可追溯管理，并以主要种植业产品、畜产品和水产品为重点，在全国农业标准化示范区（场）、无公害农产品示范县、无规定动物疫病区以及主要农产品规模种养殖场，把质量安全可追溯作为实施农业标准化的重要考核内容，全面推进质量安全追溯管理。同时，加强监督管理，规范农产品标志，强化标志监督检查。农业部优质农产品开发服务中心从 2005 年开始从 2005 年开始，就组织有关单位开展农产品质量可追溯制度建设调研，在北京、江苏、陕西、福建、天津、浙江等省市启动试点工作。

各地也在农产品追溯制度、市场准入建立等方面开展了积极

探索和行动。北京市农业局与河北省农业厅经过 2 年的努力，建设完成了北京市食用农产品质量安全追溯管理信息平台，目前已服务于负责供应北京农产品的生产经营企业 100 多家，管理环节横跨生产、包装、加工、零售等各个环节，管理领域已覆盖蔬菜、水果、畜禽、水产等多个领域，并有效支撑了北京奥运会食品安全的管理；上海市政府颁布了《上海市食用农产品安全监管暂行办法》，提出了在流通环节建立“市场档案可溯源制”；天津市率先实施猪肉安全追溯制度的同时，还实行了无公害蔬菜可溯源制，推出网上无公害蔬菜订菜服务；山东寿光等地开展了以条形码为主要手段的“无公害蔬菜质量追溯系统”的研究与建设；江苏南京借鉴国外农产品质量安全管理中产品实行产地编码的先进管理模式，以优质安全农产品标志为质量溯源的重要载体，以南京市农产品质量安全网站为监管平台，启动了农产品质量 IC 卡管理体系。

附录一　无公害农产品认证目录

序号	产品名称	别名	适用标准
一、种植业产品			
1	稻谷		NY 5115—2002 无公害食品　大米
2	大米		
3	大米粉		
4	小麦		NY 5301—2005 无公害食品　麦类及面粉
5	大麦	皮大麦、裸大麦（米大麦、元麦、裸麦、青稞、米麦）	
6	黑麦		
7	小黑麦		
8	燕麦	裸燕麦（莜麦、铃铛麦、玉麦、油麦）、皮燕麦	
9	荞麦	甜荞（荞麦、乌麦、花麦、三角麦、荞子）、苦荞（鞑靼荞麦）	
10	麦粉		
11	麦片		
12	鲜食玉米		NY 5200—2004 无公害食品 鲜食玉米
13	笋玉米		
14	速冻玉米		

（续表）

序号	产品名称	别名	适用标准
15	玉米	玉蜀黍、大蜀黍、棒子、包谷、包米、珍珠米	NY 5302—2005 无公害食品 玉米
16	玉米初级加工品		
17	糯玉米	黏玉米	
18	甜玉米		
19	爆裂玉米		
20	玉米糁	玉米渣	
21	玉米面	包米面、棒子面	
22	粮用蚕豆		NY 5202—2005 无公害食品　粮用豆
23	蚕豆初级加工品		
24	粮用豌豆		
25	豌豆初级加工品		
26	粮用扁豆	蛾眉豆、眉豆	
27	扁豆初级加工品		
28	粮用黎豆	狸豆、虎豆或狗爪豆	
29	黎豆初级加工品		
30	粮用红花菜豆	多花菜豆、大白芸豆、看花豆、大花豆、龙爪豆、荷包豆或大白芸豆	
31	红花菜豆初级加工品		
32	粮用红小豆	赤豆、赤小豆、红豆、小豆	
33	红小豆初级加工品		
34	粮用白小豆		

（续表）

序号	产品名称	别名	适用标准
35	白小豆初级加工品		NY 5202—2005 无公害食品　粮用豆
36	粮用绿小豆		
37	绿小豆初级加工品		
38	粮用芸豆	去荚的干菜豆和干四季豆	
39	芸豆初级加工品		
40	粮用绿豆		
41	绿豆初级加工品		
42	粮用爬豆		
43	爬豆初级加工品		
44	粮用红珠豆		
45	红珠豆初级加工品		
46	粮用禾根豆		
47	禾根豆初级加工品		
48	粮用花豆		
49	花豆初级加工品		
50	粮用泥豆		
51	泥豆初级加工品		
52	粮用鹰嘴豆	桃豆、鸡豆、鸡头豆、鸡豌豆	
53	鹰嘴豆初级加工品		
54	粮用饭豆		

（续表）

序号	产品名称	别名	适用标准
55	饭豆初级加工品		NY 5202—2005 无公害食品　粮用豆
56	粮用小扁豆	滨豆、鸡眼豆	
57	小扁豆初级加工品		
58	粮用羽扇豆		
59	羽扇豆初级加工品		
60	粮用瓜尔豆	鸽豆、无脐豆、树豆、柳豆、黄豆树、刚果豆	
61	瓜尔豆初级加工品		
62	粮用利马豆	莱豆、棉豆、荷包豆、皇帝豆、玉豆、金甲豆、糖豆、洋扁豆	
63	利马豆初级加工品		
64	粮用木豆	鸽豆、无脐豆、树豆、柳豆、黄豆树、刚果豆、三叶豆、千年豆	
65	木豆初级加工品		
66	其他粮用豆及加工品		
67	甘薯	山芋、地瓜、番薯、红苕	NY 5304—2005 无公害食品 薯
68	甘薯初级加工品		
69	木薯		
70	木薯初级加工品		
71	其他粮用薯及初级加工品		

（续表）

序号	产品名称	别名	适用标准
72	粟	谷子	NY 5305—2005 无公害食品 粟米
73	小米	粟米	
74	黍	糜子	
75	黍米	大黄米、黄米、软黄米	
76	稷	稷子、禾稷	
77	稷米		
78	高粱	红粮、小蜀黍、红棒子	
79	高粱米		
80	高粱面		
81	薏苡	薏米仁、六谷子、草珠子、药玉米、回回米	
82	大豆		NY 5310—2005 无公害食品 大豆
83	大豆初级加工品		
84	花生		NY 5303—2005 无公害食品 花生
85	大豆油		NY 5306—2005 无公害食品　食用植物油
86	油菜子油		
87	花生油		
88	棉籽油		
89	芝麻油		
90	葵花籽油		
91	玉米胚芽油		
92	米糠油		
93	橄榄油		
94	亚麻籽油	胡麻油	

（续表）

序号	产品名称	别名	适用标准
95	山茶油		NY 5306—2005 无公害食品　食用植物油
96	芸芥油		
97	食用棕榈油		
98	食用椰子油		
99	红花籽油		
100	芸苔籽油		
101	芥子油		
102	油棕果油		
103	油莎豆油		
104	文冠果油		
105	线麻籽油		
106	苏籽油		
107	小麦胚油		
108	苍耳籽油		
109	杏仁油		
110	核桃油		
111	海棠果油		
112	其他食用植物油		
113	萝卜		NY 5082—2005 无公害食品　根菜类蔬菜
114	胡萝卜		
115	芜菁	盆菜、蔓青、圆根或灰萝卜	
116	芜菁甘蓝	紫米菜或洋蔓茎	
117	牛蒡	大力子、蝙蝠刺	
118	根恭菜	红菜头、紫菜头	

（续表）

序号	产品名称	别名	适用标准
119	美洲防风	芹菜萝卜、蒲芹萝卜	NY 5082—2005 无公害食品　根菜类蔬菜
120	婆罗门参	西洋牛蒡	
121	菊牛蒡	鸦葱、黑婆罗门参	
122	根芹菜	根洋芹、球根塘蒿	
123	山葵		
124	其他新鲜或冷藏的根菜类蔬菜		
125	普通白菜	小白菜、青菜、油菜	NY 5213—2004 无公害食品 普通白菜
126	菜薹	菜心、薹心菜、菜尖	NY 5003—2001 无公害食品　白菜类蔬菜
127	乌塌菜	塌菜、塌棵菜、油塌菜、太古菜、乌菜	
128	薹菜		
129	大白菜	结球白菜、包心白菜、黄芽菜、绍菜、卷心白菜、黄秧白	
130	紫菜薹	红薹菜	
131	其他白菜类蔬菜		
132	抱子甘蓝	芽甘蓝、子持甘蓝、汤菜甘蓝	NY 5008—2001 无公害食品　甘蓝类蔬菜
133	结球甘蓝	洋白菜、包菜、圆白菜、卷心菜、莲花白、椰菜	
134	花椰菜	花菜、菜花	
135	青花菜	绿菜花、意大利芥蓝、木立花椰菜	
136	球茎甘蓝	苤头、擘蓝、玉蔓菁	
137	其他新鲜或冷藏的甘蓝类蔬菜		

（续表）

序号	产品名称	别名	适用标准
138	速冻芥蓝		NY 5193—2002 无公害食品　速冻甘蓝类蔬菜
139	速冻抱子甘蓝		
140	速冻结球甘蓝		
141	速冻花椰菜		
142	速冻青花菜		
143	速冻球茎甘蓝		
144	其他速冻甘蓝类蔬菜		
145	芥蓝	白花芥蓝	NY 5215—2004 无公害食品　芥蓝
146	根用芥菜	大头菜、疙瘩菜、芥菜头、春头、生芥	NY 5299—2005 无公害食品 芥菜类蔬菜
147	叶用芥菜	散叶芥菜和结球芥菜、包心芥、辣菜、苦菜、石榴红、芥菜、主园菜、梨叶	
148	茎用芥菜	青菜头、羊角菜	
149	薹用芥菜		
150	子芥菜	蛮油菜、辣油菜、大油菜	
151	分蘖芥	雪里蕻、雪菜、毛芥菜、紫菜英	
152	抱子芥	四川儿菜、芽芥菜	
153	其他新鲜或冷藏的芥菜类蔬菜		

（续表）

序号	产品名称	别名	适用标准
154	番茄	西红柿、洋柿子	NY 5005—2001 无公害食品　茄果类蔬菜
155	茄子	茄瓜、吊瓜、矮瓜、落苏、茄包	
156	辣椒	小青椒、番椒、海椒、秦椒、辣茄、大椒、辣子	
157	甜椒	大青椒、菜椒、柿子椒	
158	酸浆	红姑娘、灯笼草、洛神珠	
159	其他新鲜或冷藏的茄果类蔬菜		
160	刺槐豆荚	角豆荚	NY 5078—2005 无公害食品　豆类蔬菜
161	菜用大豆	毛豆、枝豆、青豆	
162	蚕豆	胡豆、罗汉豆、佛豆、马齿豆	
163	菜用豌豆	青元、麦豆	
164	长豇豆	长豆角、带豆、裙带豆	
165	菜豆	四季豆	
166	扁豆	娥眉豆、眉豆、沿篱豆、鹊豆	
167	黎豆	狸豆、虎豆、狗爪豆	
168	红花菜豆	龙爪豆、荷包豆或大白芸豆	
169	刀豆	大刀豆、刀鞘豆	
170	四棱豆	翼豆	
171	莱豆	利马豆、棉豆、荷包豆、皇帝豆、玉豆	
172	荷兰豆	软荚豌豆、甜荚豌豆	
173	黑吉豆		
174	其他新鲜或冷藏的豆类蔬菜		

（续表）

序号	产品名称	别名	适用标准
175	速冻刺槐豆荚		NY 5195—2002 无公害食品 速冻豆类蔬菜
176	速冻菜用大豆		
177	速冻蚕豆		
178	速冻菜用豌豆		
179	速冻长豇豆		
180	速冻菜豆		
181	速冻扁豆		
182	速冻黎豆		
183	速冻红花菜豆		
184	速冻刀豆		
185	速冻四棱豆		
186	速冻莱豆		
187	速冻荷兰豆		
188	速冻黑吉豆		
189	其他速冻豆类蔬菜		
190	黄瓜	王瓜、胡瓜、刺瓜、青瓜	NY 5074—2005 无公害食品　瓜类蔬菜
191	冬瓜	冬瓜、枕瓜、白冬瓜	
192	中国南瓜	倭瓜、番瓜、南瓜、北瓜、饭瓜	
193	节瓜	毛瓜、毛节瓜、水影瓜	
194	蛇瓜	蛇丝瓜、印度丝瓜、蛇豆	
195	佛手瓜	拳头瓜、隼人瓜、万年瓜、菜肴梨、洋丝瓜、菜苦瓜、合掌瓜	

（续表）

序号	产品名称	别名	适用标准
196	笋瓜	印度南瓜、玉瓜、北瓜	NY 5074—2005 无公害食品　瓜类蔬菜
197	西葫芦	美洲南瓜、角瓜、葫芦瓜、搅瓜、番瓜	
198	越瓜	梢瓜、脆瓜	
199	菜瓜	蛇甜瓜	
200	丝瓜	布瓜、天罗瓜、天丝瓜、天络瓜	
201	苦瓜	凉瓜、哈哈瓜、癞瓜、金荔枝	
202	瓠瓜	瓠子、扁蒲、蒲瓜、夜开花、葫芦	
203	其他新鲜或冷藏的瓜类蔬菜		
204	速冻瓜类蔬菜		NY 5194—2002 无公害食品　速冻瓜类蔬菜
205	菠菜	波斯草、赤根菜	NY 5089—2005 无公害食品　绿叶类蔬菜
206	芹菜	芹、旱芹、药芹菜	
207	叶用莴苣	千金菜	
208	莴苣	茎用莴苣、莴苣笋、青笋、莴菜、生笋、莴笋	
209	蕹菜	竹叶菜、空心菜、通心菜	
210	茴香（菜）	小茴香（菜）	
211	苋菜	苋、仁汉菜、米苋菜、棉苋、苋菜梗	
212	马齿苋		
213	芫荽	香菜、香荽、胡荽	
214	叶菾菜	叶甜菜、莙荙菜、牛皮菜、厚皮菜	
215	茼蒿	蓬蒿、蒿子秆、春菊	
216	荠菜	护生草、菱角菜	

（续表）

序号	产品名称	别名	适用标准
217	冬寒菜	冬葵、葵菜、滑肠菜、冬苋菜	
218	落葵	木耳菜、软浆叶、胭脂菜、豆腐菜、软姜子	
219	番杏	新西兰菠菜、夏菠菜	
220	金花菜	黄花苜蓿、南苜蓿、刺苜蓿、草头	
221	紫背天葵	血皮菜、观音苋	
222	罗勒	毛罗勒、兰香	
223	榆钱菠菜	食用滨藜、洋菠菜	
224	薄荷尖	蕃荷菜	
225	菊苣	欧洲菊苣、苞菜、结球菊苣和软化菊苣	
226	鸭儿芹	三叶芹、野蜀葵	
227	紫苏	荏、赤苏	
228	香芹菜	洋芫荽、旱芹菜、荷兰芹	
229	苦苣		NY 5089—2005 无公害食品　绿叶类蔬菜
230	菊花脑	路边黄、菊花叶、黄菊仔、菊花菜	
231	莳萝	土茴香	
232	甜荬菜		
233	苦荬菜		
234	油荬菜	油麦菜	
235	油菜薹		
236	蒌蒿	蒌蒿薹、芦蒿、水蒿、香艾蒿、小艾、水艾	
237	蕺儿根	蕺儿菜、菹菜、鱼腥草 、鱼鳞草	
238	食用甘薯叶		
239	食用芦荟	油葱、龙舌草	
240	食用仙人掌		
241	其他新鲜或冷藏的绿叶类蔬菜		

（续表）

序号	产品名称	别名	适用标准
242	韭菜	草钟乳、起阳草、懒人菜、青韭	NY 5001—2001 无公害食品　韭菜
243	韭黄		
244	韭菜花		
245	韭菜苔		
246	洋葱	葱头、圆葱、团葱、球葱、玉葱	NY 5223—2004 无公害食品　洋葱
247	薤	藠头、藠子、三白	
248	大蒜	蒜、蒜头、胡蒜	NY 5227—2004 无公害食品　大蒜
249	蒜薹	蒜苗	
250	青蒜		
251	蒜黄		
252	速冻葱蒜类蔬菜		NY 5192—2002 无公害食品　速冻葱蒜类蔬菜
253	速冻绿叶类蔬菜		NY 5185—2002 无公害食品　速冻绿叶类蔬菜
254	马铃薯	土豆、山药蛋、洋芋、地蛋、荷兰薯	NY 5221—2005 无公害食品　薯芋类蔬菜
255	山药	大薯、薯蓣、佛掌薯	
256	芋	芋头、芋艿、毛芋	
257	豆薯	沙葛、凉薯、新罗葛、土瓜	
258	草食蚕	螺丝菜、宝塔菜、甘露儿、地蚕	
259	葛	葛根、粉葛	
260	菜用土圞儿	美洲土圞儿、香芋	
261	蕉芋	蕉藕、姜芋	
262	魔芋	蒟蒻、麻芋、鬼芋	
263	菊芋	洋姜、鬼子姜	
264	生姜	姜、黄姜	
265	其他薯芋类蔬菜		

（续表）

序号	产品名称	别名	适用标准
266	莲藕	藕	NY 5238—2005 无公害食品 水生蔬菜
267	茭白	茭瓜、茭笋、菰手	
268	慈姑	茨菰、慈菰	
269	荸荠		
270	莲子		
271	菱角		
272	芡实		
273	豆瓣菜	西洋菜、水焯菜、水田芥、水芥菜	
274	莼菜	马蹄草、水莲叶	
275	水芹	楚葵	
276	蒲菜	香蒲、蒲草、蒲儿菜、草芽	
277	水芋		
278	[illegible]		
279	其他新鲜或冷藏的水生蔬菜		
280	竹笋	笋	NY 5230—2005 无公害食品　多年生蔬菜
281	鲜百合	百合的食用鳞茎	
282	枸杞尖	枸杞头	
283	石刁柏	芦笋	
284	辣根	马萝卜	
285	朝鲜蓟	法国百合、荷花百合、洋蓟、洋百合、菜蓟	
286	襄荷		
287	霸王花		
288	食用菊	甘菊、臭菊	
289	金针菜	黄花菜、忘忧草、草萱菜、黄花	

（续表）

序号	产品名称	别名	适用标准
290	香椿		NY 5230—2005 无公害食品 多年生蔬菜
291	食用大黄	菜用大黄、圆叶大黄、酸菜	
292	款冬	冬花，款冬花，款花	
293	黄秋葵	秋葵、羊角豆	
294	树仔菜	守宫木、天绿香	
295	刺老鸦	龙牙楤木、虎阳刺、刺龙牙	
296	其他新鲜或冷藏的多年生蔬菜		
297	豌豆苗	豆苗	NY 5317—2006 无公害食品 芽类蔬菜
298	豌豆尖		
299	绿豆芽		
300	黄豆芽		
301	萝卜苗	娃娃萝卜菜、萝卜芽	
302	芽豆	芽蚕豆	
303	种芽香椿		
304	荞麦芽		
305	苜蓿芽		
306	黑豆芽		
307	青豆芽		
308	红豆芽		
309	向日葵芽		
310	其他新鲜或冷藏的芽苗类蔬菜		

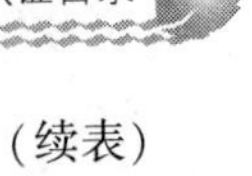

（续表）

序号	产品名称	别名	适用标准
311	双孢蘑菇	白蘑菇	NY 5330—2006 无公害食品 食用菌
312	滑菇	珍珠菇	
313	黄伞		
314	榆蘑	胶韧革耳、榆耳	
315	香菇	香菌、冬菇、香信、香蕈	
316	平菇		
317	草菇	苞脚菇、兰花菇，中国蘑菇	
318	金针菇	朴菇、构菌、金菇、毛柄金钱菌	
319	凤尾菇	袖珍菇、秀珍菇	
320	白灵菇	阿魏菇、白灵侧耳、翅鲍菇	
321	杏鲍菇	刺芹侧耳	
322	斑玉蕈	真姬菇、蟹味菇、海鲜菇	
323	金顶侧耳	榆黄蘑	
324	鲍鱼侧耳	鲍鱼菇	
325	美味蘑菇	高温蘑菇	
326	大杯伞	猪肚菇、笋菇	
327	小白平菇	小平菇、小百灵	
328	皱环球盖菇	大球盖菇	
329	元蘑	亚侧耳	
330	洛巴口蘑	金福菇	
331	灰树花	栗子蘑	
332	大肥蘑		
333	巴西蘑菇	姬松茸	
334	黑木耳	木耳、云耳	
335	毛木耳	粗木耳	

（续表）

序号	产品名称	别名	适用标准
336	银耳	白木耳、雪耳	NY 5330—2006 无公害食品 食用菌
337	金耳	云南黄木耳	
338	地耳		
339	血耳	红耳	
340	竹荪	僧笠蕈、长裙竹荪	
341	猴头菌	猴头菇、阴阳菇、刺猬菌	
342	牛舌菌	牛排菌、猪肝菌、猪舌菌	
343	灵芝	红芝	
344	茯苓		
345	蛹虫草		
346	冬虫夏草	虫草、夏草冬虫	
347	食用野生菌（口蘑、榛蘑、乳菇、柳钉菇、松口蘑、牛肝菌、羊肚菌、鸡油菌、鸡棕、马鞍菌、老人头、干巴菌、青头菌）		
348	其他可食用菌		
349	脱水蔬菜		NY 5184—2002 无公害食品　脱水蔬菜
350	脱水山野菜		
351	青蚕豆		NY 5209—2004 无公害食品　青蚕豆

（续表）

序号	产品名称	别名	适用标准
352	竹笋干		NY 5232—2004 无公害食品　竹笋干
353	干制金针菜		NY 5186—2002 无公害食品　干制金针菜
354	鸡腿菇	姬菇	NY 5246—2004 无公害食品　鸡腿菇
355	茶树菇		NY 5247—2004 无公害食品　茶树菇
356	罐装金针菇		NY 5187—2002 无公害食品　罐装金针菇
357	苹果		NY 5322—2006 无公害食品　仁果类水果
358	梨	秋子梨、白梨、沙梨、洋梨	
359	山楂		
360	沙果		
361	海棠果		
362	刺梨		
363	其他仁果类水果		
364	冬枣		NY 5252—2004 无公害食品　冬枣
365	桃		NY 5112—2005 无公害食品　落叶核果类果品
366	油桃		
367	李子		
368	梅		
369	油柰		
370	杏		

（续表）

序号	产品名称	别名	适用标准
371	樱桃		NY 5112—2005 无公害食品　落叶核果类果品
372	枣		
373	酸枣		
374	稠李		
375	欧李		
376	其他落叶果树核果		
377	核桃		NY 5307—2005 无公害食品 落叶果树坚果
378	核桃果仁		
379	山核桃		
380	山核桃果仁		
381	榛子		
382	榛子果仁		
383	扁桃	巴旦杏	
384	扁桃果仁		
385	白果		
386	白果果仁		
387	板栗		
388	板栗果仁		
389	阿月浑子	开心果	
390	阿月浑子果仁	开心果果仁	
391	其他落叶果树坚果		
392	柿		NY 5241—2004 无公害食品　柿

（续表）

序号	产品名称	别名	适用标准
393	草莓		NY 5103—2002 无公害食品　草莓
394	葡萄		NY 5086—2005 无公害食品　落叶浆果类果品
395	桑葚		
396	无花果		
397	树莓		
398	木莓		
399	黑莓		
400	罗干莓		
401	醋栗		
402	鹅莓		
403	穗醋栗		
404	石榴		
405	猕猴桃		
406	越橘		
407	沙棘		
408	酸浆		
409	其他落叶浆果		
410	柑橘		NY 5014—2005 无公害食品 柑果类果品
411	橘		
412	甜橙		
413	酸橙		
414	柠檬		
415	来檬		
416	柚		
417	金柑	金橘	
418	其他柑橙		

（续表）

序号	产品名称	别名	适用标准
419	香蕉		NY 5021—2001 无公害食品　香蕉
420	芭蕉		
421	火龙果		NY 5182—2005 无公害食品　常绿果树浆果类果品
422	杨桃		
423	枇杷		
424	西番莲	鸡蛋果	
425	黄皮		
426	莲雾		
427	蛋黄果		
428	蒲桃		
429	番木瓜		
430	人心果		
431	番石榴		
432	其他常绿果树浆果		
433	杨梅	树梅	NY 5024—2005 无公害食品 常绿果树核果类果品
434	油梨	鳄梨	
435	芒果		
436	毛叶枣		
437	橄榄		
438	白榄	黄榄	
439	乌榄		
440	油橄榄		
441	余甘子		
442	海枣	椰枣	
443	仁面		
444	毛叶枣		
445	其他常绿果树核果		

（续表）

序号	产品名称	别名	适用标准
446	菠萝	凤梨、黄梨	NY 5177—2002 无公害食品 菠萝
447	木菠萝	菠萝蜜、包蜜	NY 5309—2005 无公害食品 聚复果
448	面包果		
449	番荔枝		
450	刺番荔枝		
451	其他聚复果		
452	荔枝		NY 5173—2005 无公害食品　荔枝、龙眼、红毛丹
453	龙眼		
454	红毛丹		
455	西瓜		NY 5109—2005 无公害食品　西甜瓜类
456	厚皮甜瓜	光皮甜瓜、网纹甜瓜、白兰瓜、哈密瓜	
457	薄皮甜瓜		
458	香瓜		
459	枸杞		NY 5248—2004 无公害食品　枸杞
460	果蔗		NY 5308—2005 无公害食品 果蔗
461	腰果		NY 5324—2006 无公害食品（常绿果树）坚（壳）果
462	腰果果仁		
463	椰子		
464	槟榔		
465	澳洲坚果		
466	澳洲坚果果仁		
467	松子		

（续表）

序号	产品名称	别名	适用标准
468	松子果仁		NY 5324—2006 无公害食品（常绿果树）坚（壳）果
469	香榧		
470	香榧果仁		
471	巴西胡桃		
472	巴西胡桃果仁		
473	榴莲		
474	山竹子		
475	其他（常绿果树）坚（壳）果		
476	酸豆		NY 5321—2006 无公害食品 荚果
477	角豆		
478	苹婆		
479	绿茶		NY 5244—2004 无公害食品　茶叶
480	红茶		
481	青茶		
482	苦丁茶		
483	白茶		
484	黄茶		
485	黑茶		
486	饮用菊花		NY 5119—2002 无公害食品　饮用菊花
487	窨茶用茉莉花		NY 5122—2002 无公害食品 窨茶用茉莉花

（续表）

序号	产品名称	别名	适用标准
488	绿豆粉丝		NY 5188—2002 无公害食品　粉丝
489	蚕豆粉丝		
490	豌豆粉丝		
491	木薯粉丝		
492	马铃薯粉丝		
493	甘薯粉丝		
494	豆腐		NY 5189—2002 无公害食品　豆腐
495	辣椒干		NY 5229—2004 无公害食品　辣椒干
496	西瓜籽		NY 5319—2006 无公害食品 瓜子
497	西瓜籽仁		
498	西葫芦籽		
499	西葫芦籽仁		
500	葵花籽		
501	葵花籽仁		
502	南瓜子		
503	南瓜子仁		
504	可食茉莉花		NY 5316—2006 无公害食品 可食用花卉
505	可食玫瑰花		
506	可食栀子花		
507	可食菊花	甘菊、金蕊、甜菊花、真菊	
508	可食桂花		
509	可食梨花		
510	可食桃花		
511	可食白兰花		

（续表）

序号	产品名称	别名	适用标准
512	可食荷花	莲、水花	NY 5316—2006 无公害食品 可食用花卉
513	可食山茶花		
514	可食金雀花		
515	可食百合		
516	可食丁香花		
517	可食芙蓉		
518	可食月季		
519	可食海棠		
520	可食玉兰花	辛夷	
521	可食霸王花	量天尺花、剑花、霸王鞭	
522	可食大丽花	天竺牡丹、西番莲、大理菊、洋芍药	
523	其他可食用花卉		
524	甜叶菊		NY 5320—2006 无公害食品 甜叶菊
525	人参		NY 5318—2006 无公害食品 参类
526	西洋参		
527	花椒		NY 5323—2006 无公害食品 香辛料
528	白胡椒		
529	黑胡椒		
530	八角	大料、大茴香	
531	肉桂		
532	月桂		
533	小茴香		
534	丁香		

（续表）

序号	产品名称	别名	适用标准
535	孜然		NY 5323—2006 无公害食品 香辛料
536	小豆蔻		
537	玉果		
538	甘牛至		
539	留兰香		
540	欧芹		
541	多香果	众香果	
542	肉豆蔻		
543	牛至		
544	香草兰	香荚兰	
545	其他香辛料		
546	甜菜		NY 5300—2005 无公害食品 甜菜
二、畜牧业产品			
1	羊肉		NY 5147—2002 无公害食品　羊肉
2	肉羊		
3	兔肉		NY 5129—2002 无公害食品　兔肉
4	肉兔		
5	牛肉		NY 5044—2001 无公害食品　牛肉
6	鹿肉		
7	肉牛		
8	驴肉		NY 5271—2004 无公害食品　驴肉
9	马肉		
10	肉驴		

（续表）

序号	产品名称	别名	适用标准
11	猪肝		NY 5146—2002 无公害食品　猪肝
12	猪肉		NY 5029—2001 无公害食品　猪肉
13	生猪		
14	活鸡		NY 5034—2005 无公害食品　禽肉及禽副产品
15	鸡肉		
16	鸡副产品（头、颈、爪、胗、心、肝、肠、翅尖、骨架、碎皮、碎肉、血）		
17	活鸭		
18	鸭肉		
19	鸭副产品（头、颈、爪、胗、心、肝、肠、翅尖、骨架、碎皮、碎肉、血）		
20	活鹅		
21	鹅肉		
22	鹅副产品（头、颈、掌、碎肉、胗、肝、肠、翅尖、骨架、碎皮）		

（续表）

序号	产品名称	别名	适用标准
23	活火鸡		
24	火鸡肉		
25	火鸡副产品（头、颈、爪、胗、心、肝、肠、翅尖、骨架、碎皮、碎肉）		
26	活鸵鸟		
27	鸵鸟肉		
28	活鹌鹑		
29	鹌鹑肉		
30	活鹧鸪		
31	鹧鸪肉		
32	活鸽		
33	鸽肉		
34	其他饲养特种活禽		
35	其他饲养特种禽鲜肉		
36	鲜鸡蛋		NY 5039—2005 无公害食品 鲜禽蛋
37	鸡胚	活珠子	
38	鲜鸭蛋		
39	鲜鹅蛋		
40	鲜鸵鸟蛋		
41	鲜鹌鹑蛋		
42	鸽蛋		

（续表）

序号	产品名称	别名	适用标准
43	皮蛋		NY 5143—2002 无公害食品　皮蛋
44	咸鸭蛋		NY 5144—2002 无公害食品　咸鸭蛋
45	生鲜牛乳		NY 5045—2001 无公害食品 生鲜牛乳
46	生鲜羊乳		
47	生鲜马乳		
48	巴氏杀菌乳		NY 5140—2005 无公害食品 液态乳
49	灭菌乳		
50	酸牛奶		NY 5142—2002 无公害食品　酸牛奶
51	新鲜牛肚		NY 5268—2004 无公害食品　毛肚
52	干牛肚		
53	盐渍牛肚		
54	冷冻牛肚		
55	胀发牛肚		
56	新鲜羊肚		
57	干羊肚		
58	盐渍羊肚		
59	冷冻羊肚		
60	胀发羊肚		
61	蜂蜜		NY 5134—2002 无公害食品　蜂蜜
62	蜂王浆		NY 5135—2002 无公害食品　蜂王浆与蜂王浆冻干粉
63	蜂王浆冻干粉		
64	蜂胶		NY 5136—2002 无公害食品　蜂胶

（续表）

序号	产品名称	别名	适用标准
65	蜂花粉		NY 5137—2002 无公害食品　蜂花粉
三、渔业产品			
1	鳜		NY 5166—2002 无公害食品　鳜
2	其他鳜		
3	日本沼虾	青虾	NY 5158—2005 无公害食品　淡水虾
4	罗氏沼虾		
5	克氏螯虾		
6	南美白对虾（淡水养殖）		
7	其他淡水虾		
8	团头鲂		NY 5278—2004 无公害食品　团头鲂
9	三角鲂		
10	广东鲂		
11	长春编		
12	其他编鲂		
13	黄鳝		NY 5168—2002 无公害食品　黄鳝
14	泥鳅		
15	乌鳢		NY 5164—2002 无公害食品　乌鳢
16	月鳢		
17	斑鳢		
18	其他鳢		
19	日本鳗鲡		NY 5068—2001 无公害食品　鳗鲡
20	欧洲鳗鲡		

（续表）

序号	产品名称	别名	适用标准
21	皱纹盘鲍		NY 5313—2005 无公害食品　鲍
22	杂色鲍		
23	九孔鲍		
24	耳鲍		
25	其他鲍		
26	海带		NY 5056—2005 无公害食品　海藻
27	裙带菜		
28	紫菜		
29	麒麟菜		
30	江蓠		
31	羊栖菜		
32	其他海藻		
33	大黄鱼		NY 5060—2005 无公害食品　石首鱼
34	美国红鱼		
35	鮸鱼		
36	鮸状黄姑鱼		
37	黄姑鱼		
38	双棘黄姑鱼		
39	浅色黄姑鱼		
40	日本黄姑鱼		
41	褐毛鲿		
42	其他石首鱼		

（续表）

序号	产品名称	别名	适用标准
43	斜带石斑鱼		NY 5312—2005 无公害食品　石斑鱼
44	青石斑鱼		
45	点带石斑鱼		
46	鲑点石斑鱼		
47	赤点石斑鱼		
48	巨石斑鱼		
49	其他石斑鱼		
50	近江牡蛎		NY 5154—2002 无公害食品　近江牡蛎
51	褶牡蛎		
52	太平洋牡蛎		
53	长牡蛎		
54	其他活牡蛎		
55	锯缘青蟹		NY 5276—2004 无公害食品　锯缘青蟹
56	中华绒螯蟹	河蟹、毛蟹	NY 5064—2005 无公害食品　淡水蟹
57	红螯相手蟹		
58	日本绒螯蟹		
59	直额绒螯蟹		
60	其他淡水蟹		
61	平鲷		NY 5311—2005 无公害食品　鲷
62	白星笛鲷		
63	紫红笛鲷		
64	红鳍笛鲷		
65	花尾胡椒鲷		

（续表）

序号	产品名称	别名	适用标准
66	斜带髭鲷		NY 5311—2005 无公害食品 鲷
67	真鲷		
68	断斑石鲈		
69	黄鳍鲷		
70	胡椒鲷		
71	黑鲷		
72	其他鲷科鱼		
73	三疣梭子蟹		NY 5162—2002 无公害食品 三疣梭子蟹
74	其他海水蟹		
75	鲈鱼	花鲈	NY 5272—2004 无公害食品 鲈鱼
76	尖吻鲈		
77	缢蛏		NY 5314—2005 无公害食品 蛏
78	大竹蛏		
79	长竹蛏		
80	其他海水蛏		
81	海湾扇贝		NY 5062—2001 无公害食品 海湾扇贝
82	栉孔扇贝		
83	华贵栉孔扇贝		
84	虾夷扇贝		
85	其他扇贝		
86	贻贝		
87	马氏珠母贝		
88	大珠母贝		
89	栉江珧	江珧	

（续表）

序号	产品名称	别名	适用标准
90	中国对虾		NY 5058—2006 无公害食品　海水虾
91	长毛对虾		
92	南美白对虾		
93	日本对虾		
94	斑节对虾		
95	墨吉对虾		
96	宽沟对虾		
97	刀额新对虾		
98	其他养殖海水虾		
99	养殖牛蛙		NY 5156—2002 无公害食品　牛蛙
100	养殖美国青蛙		
101	养殖棘胸蛙		
102	养殖林蛙		
103	其他养殖蛙		
104	草鱼		NY 5053—2005 无公害食品　普通淡水鱼
105	青鱼		
106	鲢		
107	鳙		
108	鲮		
109	鲤		
110	鲫		
111	淡水白鲳		
112	加州鲈	大口黑鲈	
113	罗非鱼		

（续表）

序号	产品名称	别名	适用标准
114	翘嘴红鲌		NY 5053—2005 无公害食品　普通淡水鱼
115	条纹鲈		
116	其他食用鲤科淡水鱼		
117	泥蚶		NY 5315—2005 无公害食品　蚶
118	毛蚶		
119	魁蚶		
120	其他活蚶		
121	斑点叉尾鮰		NY 5286—2004 无公害食品　斑点叉尾鮰
122	云斑叉尾鮰		
123	长吻鮠		
124	黄颡鱼		
125	鲇　　鲶		
126	鲻鱼		NY 5327—2006 无公害食品　鲻科、鲹科、军曹鱼科海水鱼
127	鮻鱼		
128	鲳鲹		
129	军曹鱼		
130	其他同科海水鱼		
131	中华鳖		NY 5066—2006 无公害食品　龟鳖
132	乌龟		
133	其他食用龟鳖		
134	方斑东风螺		NY 5325—2006 无公害食品　螺
135	泥螺		
136	红螺		

（续表）

序号	产品名称	别名	适用标准
137	管角螺		NY 5325—2006 无公害食品　螺
138	细角螺		
139	油螺		
140	蝾螺		
141	马蹄螺		
142	棒锥螺		
143	鹑螺		
144	荔枝螺		
145	田螺		
146	螺蛳		
147	梨型环棱螺		
148	福寿螺		
149	其他螺类		
150	文蛤		NY 5288—2006 无公害食品 蛤
151	青蛤		
152	菲律宾蛤仔		
153	杂色蛤		
154	巴非蛤		
155	西施舌		
156	四角蛤蜊		
157	其他帘蛤科和蛤蜊科贝类		

(续表)

序号	产品名称	别名	适用标准
158	虹鳟		NY 5160—2006 无公害食品　鲑鳟鲟
159	金鳟		
160	大西洋鲑		
161	红点鲑		
162	养殖哲罗鱼		
163	养殖细鳞鱼		
164	养殖史氏鲟		
165	养殖俄罗斯鲟		
166	其他养殖鲟鱼		
167	刺参		NY 5328—2006 无公害食品　海参
168	绿刺参		
169	花刺参		
170	梅花参		
171	白底辐肛参		
172	糙海参		
173	其他海参		
174	大菱鲆		NY 5152—2006 无公害食品　鲆鲽鳎
175	牙鲆		
176	大西洋牙鲆		
177	漠斑牙鲆		
178	舌鳎		
179	庸鲽		
180	圆斑星鲽		
181	石鲽		
182	其他鲆鲽鳎鱼		

（续表）

序号	产品名称	别名	适用标准
183	冻虾仁		SC/T 3110—1996 冻虾仁
184	冻扇贝柱		SC/T 3111—1996 冻扇贝柱
185	冻鳌虾		SC/T 3114—2002 冻鳌虾
186	咸鱼		NY 5291—2004 无公害食品　咸鱼
187	干海带		GB 19643—2005 藻类制品卫生标准
188	干紫菜		
189	盐渍海带		
190	盐渍裙带菜		
191	干燥裙带菜		
192	其他藻类制品		
193	虾米		GB 10144—2005 动物性水产干制品卫生标准
194	干贝		
195	淡菜		
196	干海参		
197	鱿鱼干		
198	其他动物性水产干制品		
199	腌制生食动物性水产品		GB 10136—2005 腌制生食动物性水产品卫生标准
200	水发水产品		NY 5172—2002 无公害食品　产品
201	浸泡解冻品		
202	浸泡鲜品		

（续表）

序号	产品名称	别名	适用标准
203	盐渍海蜇头		NY 5171—2002 无公害食品　海蜇
204	盐渍海蜇皮		

附录二　无公害食品标准汇总表

序号	标准编号	代替标准	标准名称	适用范围
一、种植业产品				
1	NY 5001—2007	NY 5001—2001 无公害食品 韭菜	无公害食品 葱蒜类蔬菜	本标准适用于无公害食品洋葱、大葱、分葱、香葱、胡葱、韭菜、蒜薹、大蒜、薤、大头蒜等葱蒜类蔬菜
		NY 5223—2004 无公害食品 洋葱		
		NY 5227—2004 无公害食品 大蒜		
2	NY 5003—2008	NY 5003—2001 无公害食品　白菜类蔬菜	无公害食品　白菜类蔬菜	适用于无公害食品白菜类蔬菜大白菜、小白菜、菜心、菜薹、乌塌菜、薹菜、日本水菜等
		NY 5213—2004 无公害食品　普通白菜		
3	NY 5005—2008	NY 5005—2001 无公害食品　茄果类蔬菜	无公害食品　茄果类蔬菜	适用于无公害食品茄果类蔬菜番茄、茄子和青椒
4	NY 5008—2008	NY 5008—2001 无公害食品　甘蓝类蔬菜	无公害食品　甘蓝类蔬菜	适用于无公害食品甘蓝类蔬菜中的普通结球甘蓝、花椰菜、青花菜
5	NY 5021—2008	NY 5021—2001 无公害食品　香蕉	无公害食品　香蕉	适用于无公害食品香蕉的收购与销售
6	NY 5103—2002		无公害食品　草莓	适用于无公害食品鲜草莓

（续表）

序号	标准编号	代替标准	标准名称	适用范围
7	NY 5115—2008	NY 5115—2002 无公害食品 大米	无公害食品 稻米	无公害食品大米
8	NY 5118—2002		无公害食品 菜籽油	无公害食品菜籽油
9	NY 5119—2002		无公害食品 饮用菊花	适用于无公害食品饮用菊花
10	NY 5122—2002		无公害食品 窨茶用茉莉花	窨制花茶用茉莉鲜花
11	NY 5177—2002		无公害食品 菠萝	适用于无公害食品菠萝
12	NY 5184—2002		无公害食品 脱水蔬菜	适用于无公害食品脱水蔬菜
13	NY 5185—2002		无公害食品 速冻绿叶类蔬菜	无公害食品速冻绿叶类蔬菜
14	NY 5186—2002		无公害食品 干制金针菜	适用于无公害食品干制金针菜
15	NY 5187—2002		无公害食品 罐装金针菇	适用于以鲜金针菇为原料。经加工制成的无公害食品罐装金针菇，包括玻璃瓶罐、金属罐、软包装等
16	NY 5188—2002		无公害食品 粉丝	适用于以绿豆、豌豆、蚕豆或其他豆类为主要原料制成的无公害食品粉丝
17	NY 5189—2002		无公害食品 豆腐	适用于以大豆、豆饼、豆粕为原料生产加工的无公害食品豆腐。本标准不适用于以转基因大豆、豆饼、豆粕为原料生产加工的豆腐

（续表）

序号	标准编号	代替标准	标准名称	适用范围
18	NY 5192—2002		无公害食品　速冻葱蒜类蔬菜	适用于无公害食品速冻葱蒜类蔬菜
19	NY 5193—2002		无公害食品　速冻甘蓝类蔬菜	适用于无公害食品速冻甘蓝类蔬菜。
20	NY 5194—2002		无公害食品　速冻瓜类蔬菜	适用于无公害食品速冻瓜类蔬菜
21	NY 5195—2002		无公害食品　速冻豆类蔬菜	适用于无公害食品速冻豆类蔬菜
22	NY 5200—2004		无公害食品　鲜食玉米	无公害食品鲜食玉米（在乳熟后期至蜡熟初期收获的玉米）
23	NY 5209—2004		无公害食品　青蚕豆	适用于无公害食品去荚青蚕豆
24	NY 5211—2004		无公害食品　绿化型芽苗菜	适用于无公害食品绿化型芽苗菜
25	NY 5215—2004		无公害食品　芥蓝	无公害食品芥蓝
26	NY 5229—2004		无公害食品　辣椒干	适用于无公害食品辣椒干
27	NY 5232—2004		无公害食品　竹笋干	适用于由毛竹笋、石竹笋、早竹笋、红壳笋、青壳笋、广笋、鸡毛笋、刚竹笋等竹笋经盐渍、烘干制成的无公害食品竹笋干
28	NY 5241—2004		无公害食品　柿	适用于无公害食品柿
29	NY 5244—2004		无公害食品　茶叶	适用于无公害食品茶叶
30	NY 5246—2004		无公害食品　鸡腿菇	适用于人工栽培的无公害食品鸡腿菇干品和鲜品

（续表）

序号	标准编号	代替标准	标准名称	适用范围
31	NY 5247—2004		无公害食品 茶树菇	适用于无公害食品茶树菇的鲜品和干品
32	NY 5248—2004		无公害食品 枸杞	适用于无公害食品枸杞干果和鲜果
33	NY 5252—2004		无公害食品 冬枣	适用于无公害食品冬枣
34	NY 5255—2004		无公害食品 火龙果	适用于无公害食品鲜火龙果
35	NY 5014—2005	NY 5014—2001 无公害食品 柑橘	无公害食品 柑果类果品	无公害食品柑、橘、橙、柚、柠檬、金柑等柑果类鲜果
36	NY 5024—2005	NY 5024—2001 无公害食品 芒果	无公害食品 常绿果树核果类	无公害食品芒果、杨梅、毛叶枣、橄榄、乌榄、余甘子、油梨等核果类果品
37	NY 5074—2005	NY 5074—2002 无公害食品 黄瓜 NY 5076—2002 无公害食品 苦瓜 NY 5109—2002 无公害食品 西瓜 NY 5219—2004 无公害食品 西葫芦	无公害食品 瓜类蔬菜	无公害食品黄瓜、冬瓜、南瓜、笋瓜、西葫芦、越瓜、菜瓜、丝瓜、苦瓜、瓠瓜、节瓜、蛇瓜、佛手瓜等瓜类蔬菜

（续表）

序号	标准编号	代替标准	标准名称	适用范围
38	NY 5078—2005	NY 5078—2002 无公害食品 豇豆 NY 5080—2002 无公害食品 菜豆 NY 5207—2004 无公害食品 豌豆 NY 5253—2004 无公害食品 四棱豆	无公害食品 豆类蔬菜	无公害食品菜豆、豇豆、豌豆、扁豆、蚕豆、刀豆、莱豆、四棱豆、菜用大豆、黎豆、红花菜豆等豆类蔬菜
39	NY 5082—2005	NY 5082—2002 无公害食品 萝卜 NY 5084—2002 无公害食品 胡萝卜 NY 5234—2004 无公害食品 小型萝卜	无公害食品 根菜类蔬菜	无公害食品萝卜、胡萝卜、芜菁、芜菁甘蓝、牛蒡、菊牛蒡、根恭菜、辣根、美洲防风、婆罗门参、黑婆罗门参、山葵和根芹菜等根菜类蔬菜
40	NY 5086—2005	NY 5086—2002 无公害食品 鲜食葡萄 NY 5106—2002 无公害食品 猕猴桃 NY 5242—2004 无公害食品 石榴	无公害食品 落叶浆果类果品	无公害食品葡萄、无花果、树莓、醋栗、穗醋栗、石榴、猕猴桃、越橘等鲜食落叶浆果类果品
41	NY 5089—2005	NY 5089—2002 无公害食品 菠菜 NY 5091—2002 无公害食品 芹菜 NY 5093—2002 无公害食品 蕹菜 NY 5217—2004 无公害食品 茼蒿 NY 5236—2004 无公害食品 叶用莴苣	无公害食品 绿叶菜类蔬菜	无公害食品菠菜、芹菜、叶用莴苣、蕹菜、茴香、苋菜、芫菜、茼蒿、冬寒菜、落葵、菊苣等绿叶类蔬菜

（续表）

序号	标准编号	代替标准	标准名称	适用范围
42	NY 5109—2005	NY 5109—2002 无公害食品 西瓜	无公害食品 西甜瓜类	无公害食品西瓜、厚皮甜瓜、薄皮甜瓜、哈密瓜等西甜瓜
		NY 5179—2002 无公害食品 哈密瓜		
43	NY 5112—2005	NY 5112—2002 无公害食品 桃	无公害食品 落叶核果类果品	无公害食品桃、李、杏、梅、樱桃、稠李、欧李等落叶核果类鲜食果品
		NY 5201—2004 无公害食品 樱桃		
		NY 5240—2004 无公害食品 杏		
		NY 5243—2004 无公害食品 李子		
44	NY 5173—2005	NY 5173—2002 无公害食品 荔枝	无公害食品 荔枝类果品	无公害食品荔枝、龙眼、红毛丹等鲜果
		NY 5175—2002 无公害食品 龙眼		
		NY 5257—2004 无公害食品 红毛丹		
45	NY 5182—2005	NY 5182—2002 无公害食品 杨桃	无公害食品 常绿果树浆果类果品	无公害食品杨桃、枇杷、西番莲、黄皮、火龙果、蒲桃、连雾、番木瓜、人心果等常绿果树浆果类果品
		NY 5250—2004 无公害食品 番木瓜		
46	NY 5202—2005	NY 5202—2004 无公害食品 芸豆	无公害食品 粮用豆	无公害食品粮用豆及其初级加工品（包括红小豆、绿豆、饭豆、小扁豆、芸豆、粮用豌豆等粮用豆及其初级加工品，不包括大豆及其初级加工品）
		NY 5203—2004 无公害食品 绿豆		
		NY 5205—2004 无公害食品 红小豆		
		NY 5207—2004 无公害食品 豌豆		

（续表）

序号	标准编号	代替标准	标准名称	适用范围
47	NY 5221—2005	NY 5221—2004 无公害食品 马铃薯 NY 5225—2004 无公害食品 生姜 NY 5251—2004 无公害食品 芋头	无公害食品 薯芋类蔬菜	无公害食品马铃薯、姜、芋、魔芋、山药、豆薯、菊芋、草食蚕、蕉芋、葛、菜用土孪儿等薯芋类蔬菜
48	NY 5230—2005	NY 5230—2004 无公害食品 芦笋	无公害食品 多年生蔬菜	无公害食品竹笋、襄荷、芦笋（石刁柏）、金针菜、霸王花、款冬、食用菊、朝鲜蓟、香椿、食用大黄、百合、黄秋葵等鲜食多年生蔬菜
49	NY 5238—2005	NY 5238—2004 无公害食品 莲藕	无公害食品 水生蔬菜	无公害食品莲藕、茭白、水芋、慈姑、菱、荸荠、芡实、水蕹菜、豆瓣菜、水芹、莼菜和浦菜等水生蔬菜
50	NY 5299—2005		无公害食品 芥菜类蔬菜	鲜食或加工的无公害食品叶用芥菜、茎用芥菜、薹用芥菜和根用芥菜等芥菜类蔬菜
51	NY 5300—2005		无公害食品 甜菜	糖料使用的无公害食品甜菜
52	NY 5301—2005		无公害食品 麦类及面粉	无公害食品麦类（包括小麦、大麦、米大麦、荞麦、燕麦和莜麦）及加工而成的面粉
53	NY 5302—2005		无公害食品 玉米	无公害食品玉米及其初级加工品

（续表）

序号	标准编号	代替标准	标准名称	适用范围
54	NY 5303—2005		无公害食品 花生	无公害食品花生
55	NY 5304—2005		无公害食品 薯	无公害食品薯（甘薯、木薯等）及初级加工品
56	NY 5305—2006	NY 5305—2005 无公害食品 粟米	无公害食品 小杂粮	无公害食品粟米（包括小米、黄米、大黄米等）
57	NY 5306—2005		无公害食品 食用植物油	压榨、浸出工艺生产的无公害食品食用植物油，包括大豆油、菜籽油、花生油、棉籽油、芝麻油、葵花籽油、玉米油、油茶籽油、米糠油等，其他食用植物油可参照执行
58	NY 5307—2005		无公害食品 落叶果树坚果	无公害食品核桃、榛子、扁桃、白果、板栗的带壳果实和去壳果仁
59	NY 5308—2005		无公害食品 果蔗	无公害食品鲜食果蔗
60	NY 5309—2005		无公害食品 聚复果	无公害食品木菠萝、面包果、番荔枝、刺番荔枝、榴莲、山竹等聚复果
61	NY 5310—2005		无公害食品 大豆	无公害食品大豆

（续表）

序号	标准编号	代替标准	标准名称	适用范围
62	NY 5316—2006		无公害食品　可食用花卉	适用于无公害农产品茉莉花、玫瑰花、栀子花、菊花、桂花、梨花、桃花、白兰花、荷花、山茶花、金雀花、丁香花、百合、芙蓉、海棠、月季等可食用花卉的鲜花和干花
63	NY 5317—2006		无公害食品　芽类蔬菜	适用于无公害农产品黄豆芽、绿豆芽、青豆芽等芽类蔬菜
64	NY 5318—2006		无公害食品　参类	无公害农产品人参、西洋参及其初加工产品等
65	NY 5319—2006		无公害食品　瓜子	无公害农产品西瓜子、西葫芦子、向日葵子、南瓜子等（包括炒货）
66	NY 5320—2006		无公害食品　甜叶菊	适用于用作原料的无公害农产品甜叶菊
67	NY 5321—2006		无公害食品　荚果	适用于无公害农产品酸豆、角豆、苹婆等荚果
68	NY 5011—2006	NY 5011－2001 无公害食品　苹果 NY 5100－2002　无公害食品　梨 NY 5322－2006 无公害食品　仁果类水果	无公害食品　仁果类水果	适用于无公害食品苹果、梨、山楂等仁果类水果

（续表）

序号	标准编号	代替标准	标准名称	适用范围
69	NY 5323—2006		无公害食品　香辛料	适用于无公害食品香辛料干品（指GB/T 2729.1所规定的香辛料）
70	NY 5324—2006		无公害食品（常绿果树）坚（壳）果	适用于无公害农产品腰果、椰子、槟榔、澳洲坚果等（常绿果树）坚（壳）果
71	NY 5095—2006	NY 5095—2002 无公害食品 香菇 NY5096—2002 无公害食品　平菇 NY 5097—2002 无公害食品 双孢蘑菇 NY 5098—2005 无公害食品　黑木耳 NY5330—2006 无公害食品　食用菌	无公害食品　食用菌	适用于食用菌干品和鲜品
72	NY 5355—2007		无公害食品芝麻	适用于无公害食品芝麻

二、畜牧业产品

序号	标准编号	代替标准	标准名称	适用范围
1	NY 5029—2008	NY 5029—2001 无公害食品　猪肉	无公害食品　猪肉	适用于来自非疫区的无公害生猪，屠宰后经兽医检疫合格的猪肉
2	NY 5044—2008	NY 5044—2001 无公害食品　牛肉	无公害食品　牛肉	适用于来自非疫区的无公害肉牛，屠宰后经兽医检疫合格的牛肉

（续表）

序号	标准编号	代替标准	标准名称	适用范围
3	NY 5045—2008	NY 5045—2001 无公害食品　生鲜牛乳	无公害食品 生鲜牛乳	适用于饲养环境无污染，使用无公害饲料饲养的健康母牛产出的天然乳汁
4	NY 5129—2002		无公害食品 兔肉	适用于来自非疫区的无公害肉兔，屠宰后经兽医卫生检疫检验合格的兔肉
5	NY 5134—2008	NY 5134—2002 无公害食品　蜂蜜	无公害食品 蜂蜜	标准适用于天然蜂蜜
6	NY 5135—2002		无公害食品　蜂王浆与蜂王浆冻干粉	适用于蜂王浆、蜂王浆冻干粉的生产、加工、检验、贮存、运输和销售
7	NY 5136—2002		无公害食品 蜂胶	适用于蜂胶的生产、加工和销售
8	NY 5137—2002		无公害食品 蜂花粉	适用于食用蜂花粉的生产、销售
9	NY 5142—2002		无公害食品 酸牛奶	适用于以无公害食品生鲜牛乳为主料，添加或不添加辅料，经乳酸菌发酵制成的产品
10	NY 5143—2002		无公害食品 皮蛋	适用于以鲜鸭蛋或其他禽蛋为原料，经由纯碱和生石灰或烧碱及食盐、茶叶等辅料配成的料液或料泥加工而成的无公害皮蛋

（续表）

序号	标准编号	代替标准	标准名称	适用范围
11	NY 5144—2002		无公害食品 咸鸭蛋	适用于以鲜鸭蛋为原料经由食盐等辅料配成的料液或料泥加工而成的咸鸭蛋
12	NY 5146—2002		无公害食品 猪肝	适用于来自非疫区的无公害生猪，屠宰加工后经兽医检疫检验合格的猪肝
13	NY 5147—2008	NY 5147—2002 无公害食品 羊肉	无公害食品 羊肉	适用于来自非疫区的无公害活羊，屠宰加工后经兽医卫生检疫检验合格的羊肉
14	NY 5268—2004		无公害食品 毛肚	适用于新鲜毛肚、干毛肚、盐渍毛肚、冷冻毛肚和胀发毛肚
15	NY 5271—2004		无公害食品 驴肉	适用于无公害鲜、冻驴肉
16	NY 5034—2005	NY 5034—2001 无公害食品 鸡肉 NY 5145—2002 无公害食品 鸡杂碎 NY 5262—2004 无公害食品 鸭肉 NY 5265—2004 无公害食品 鹅肉 NY 5269—2004 无公害食品 鸽肉	无公害食品 禽肉及禽副产品	无公害鲜、冻禽肉及禽副产品的质量安全评定

（续表）

序号	标准编号	代替标准	标准名称	适用范围
17	NY 5039—2005	NY 5039—2001 无公害食品 鸡蛋 NY 5270—2004 无公害食品 鹌鹑蛋 NY 5259—2004 无公害食品 鲜鸭蛋	无公害食品 鲜禽蛋	无公害食品鲜禽蛋（鲜和冷藏鲜鸡蛋、鸭蛋、鹅蛋、鹌鹑蛋和鸽蛋等）的质量安全评定
18	NY 5140—2005	NY 5140—2002 无公害食品 巴氏杀菌乳 NY 5141—2002 无公害食品 灭菌乳	无公害食品 液态乳	以生鲜牛（羊）乳为原料，不添加或添加辅料，经巴氏杀菌或灭菌制成的液态乳的质量安全评定，不适用于炼乳和酸牛乳
19	NY 5356—2007		无公害食品腌腊肉制品	包括腊肉、腌肉、腊肠、火腿、板鸭等，不包括畜禽内脏的腌腊制品
三、渔业产品				
1	NY 5062—2008	NY 5062—2001 无公害食品　海湾扇贝	无公害食品 扇贝	适用于海湾扇贝（Argopecten irradians）、栉孔扇贝（Chlamys farreri）、虾夷扇贝（Patinopecten yessoensis）的活体。其他扇贝的活体可参照执行
2	NY 5068—2008	NY 5068—2001 无公害食品　鳗鲡	无公害食品 鳗鲡	适用于日本鳗鲡（Anguilla japonica）、欧洲鳗鲡（Anguilla anguilla）等的活体

（续表）

序号	标准编号	代替标准	标准名称	适用范围
3	NY 5154—2008	NY 5154—2002 无公害食品 近江牡蛎	无公害食品 近江牡蛎	本标准适用于近江牡蛎（*Crassostrea rivularis*）、褶牡蛎（*Ostrea plicatula*）、太平洋牡蛎（*Crassostrea gigas*）的活体和贝肉。其他牡蛎的活体和贝肉可参照执行
4	NY 5156—2002		无公害食品 牛蛙	适用于牛蛙活体
5	NY 5162—2008	NY 5162—2002 无公害食品 三疣梭子蟹 NY 5276—2004 无公害食品 锯缘青蟹	无公害食品 海水蟹	适用于三疣梭子蟹（*Portunus trituberculatus*）、锯缘青蟹（*Scylla serrate*）的活品和鲜品，其他海水蟹可参照执行本标准
6	NY 5164—2008	NY 5164—2002 无公害食品 乌鳢	无公害食品 乌鳢	适用于乌鳢活体
7	NY 5166—2008	NY 5166—2002 无公害食品 鳜	无公害食品 鳜	适用于鳜的活鱼、鲜鱼
8	NY 5168—2002		无公害食品 黄鳝	适用于黄鳝活体
9	NY 5171—2002		无公害食品 海蜇	适用于海蜇及黄斑海蜇等食用水母经食盐和明矾盐渍提干而成的初级加工制品海蜇（包括海蜇皮、海蜇头）

（续表）

序号	标准编号	代替标准	标准名称	适用范围
10	NY 5172—2002		无公害食品　水发水产品	用于干制品水发的水产品（包括水发海参、水发鱿鱼、水发墨鱼、水发干贝、水发鱼翅等），水浸泡销售的解冻水产品（解冻虾仁、解冻银鱼等）以及浸泡销售的鲜水产品（鲜墨鱼仔、鲜小鱿鱼等）
11	NY 5272—2008	NY 5272—2004 无公害食品　鲈鱼	无公害食品　鲈	适用于花鲈（Lateolabrax japonicus）、尖吻鲈（Lates calcarifer）等的活鱼和鲜鱼
12	NY 5278—2004		无公害食品　团头鲂	适用于团头鲂的活鱼、鲜鱼，鲂（原名三角鲂）可参照执行
13	NY 5286—2004		无公害食品　斑点叉尾鮰	适用于斑点叉尾鮰的活鱼和鲜鱼
14	NY 5291—2004		无公害食品　咸鱼	适用于以海水鱼类为原料，经盐腌、晒干（烘干）后的制品，以淡水鱼为原料生产的咸鱼可参考本标准

（续表）

序号	标准编号	代替标准	标准名称	适用范围
15	NY 5053—2005	NY 5053—2001 无公害食品 草、青、鲢、鳙、尼罗罗非鱼 NY 5280—2004 无公害食品 鲤鱼 NY 5292—2004 无公害食品 鲫鱼	无公害食品 普通淡水鱼类	草鱼、青鱼、鲢、鳙、鲮、鲤、鲫、淡水白鲳、大口黑鲈、尼罗罗非鱼、奥利亚罗非鱼及其杂交鱼活鱼、鲜鱼。其他食用鲤科淡水鱼可参照执行
16	NY 5056—2005	NY 5056—2001 无公害食品 海带 NY 5282—2004 无公害食品 裙带菜	无公害食品 海水藻类	海带、裙带菜、紫菜的鲜品，其他鲜海水藻类可参照执行
17	NY 5060—2005	NY 5060—2001 无公害食品 大黄鱼	无公害食品 石首鱼类	大黄鱼、美国红鱼、鮸状黄姑鱼、鮸鱼（俗称黑鮸）、褐毛鲿、双棘黄姑鱼的活、鲜品，其他石首鱼科产品可参照执行
18	NY 5064—2005	NY 5064—2001 无公害食品 中华绒螯蟹	无公害食品 淡水蟹类	中华绒螯蟹（又名河蟹、毛蟹）、红螯相手蟹（又名蟛蜞、螃蜞）、日本绒螯蟹、直额绒螯蟹活品。其他淡水蟹活品可参照执行
19	NY 5158—2005	NY 5158—2002 无公害食品 罗氏沼虾 NY 5170—2002 无公害食品 克氏螯虾 NY 5284—2004 无公害食品 青虾	无公害食品 淡水虾类	罗氏沼虾、日本沼虾、南美白对虾、克氏螯虾的活、鲜品，其他淡水虾类可参照执行

（续表）

序号	标准编号	代替标准	标准名称	适用范围
20	NY 5311—2005		无公害食品　鲷类	真鲷、黑鲷、黄鳍鲷、平鲷、紫红笛鲷、红鳍笛鲷海水鲷科鱼类的活鱼和鲜鱼，其他鲷科鱼类可参照执行
21	NY 5312—2005		无公害食品　石斑鱼类	赤点石斑鱼，青石斑鱼、点带石斑鱼、巨石斑鱼、鲑点石斑鱼等的活、鲜石斑鱼养殖产品。其他种类的石斑鱼可参照执行
22	NY 5313—2005		无公害食品　鲍鱼类	皱纹盘鲍、耳鲍和杂色鲍 活体。其他鲍类活体可参照执行
23	NY 5314—2005		无公害食品　蛏类	缢蛏、大竹蛏、长竹蛏的活体，其他海水蛏可参照执行
24	NY 5315—2005		无公害食品　蚶类	毛蚶、泥蚶和魁蚶活体，其他蚶类活体可参照执行
25	NY 5058—2006	NY 5058—2001 无公害食品　对虾	无公害食品　海水虾类	适用于对虾科、长额虾科、褐虾科、长臂虾科等品种的鲜、活养殖及捕捞海水虾类，其他品种的海水虾可参照执行
26	NY 5066—2006	NY 5066—2001 无公害食品　中华鳖	无公害食品　龟鳖	适用于中华鳖、乌龟的活体。其他食用龟鳖类可参照执行

（续表）

序号	标准编号	代替标准	标准名称	适用范围
27	NY 5152—2006	NY 5152—2002 无公害食品　大菱鲆 NY5274－2004 无公害食品　牙鲆	无公害食品 鲆鲽鳎	适用于大菱鲆、牙鲆、大西洋牙鲆、漠斑牙鲆、舌鳎、庸鲽、圆斑星鲽、石鲽等鱼类的活、鲜品，其他鲆鲽鳎鱼类也可参照执行
28	NY 5160—2006	NY 5160—2002 无公害食品 虹鳟	无公害食品 鲑鳟鲟	适用于虹鳟、大西洋鲑、红点鲑、哲罗鱼、细鳞鱼、施氏鲟、达氏鲟、俄罗斯鲟等鲑、鳟、鲟的活鱼和鲜鱼
29	NY 5288—2006	NY 5288—2004 无公害食品　菲律宾蛤仔	无公害食品 蛤	适用于文蛤、青蛤、菲律宾蛤仔、杂色蛤、巴非蛤、西施舌、四角蛤蜊的活体，其他帘蛤科和蛤蜊科贝类的活体可参照执行
30	NY 5325—2006		无公害食品　螺	海水螺与淡水螺合并
31	NY 5326—2006		无公害食品 头足类水产品	适用于金乌贼、曼氏无针乌贼、乌贼、中国枪乌贼、日本枪乌贼、皮氏枪乌贼、短蛸、长蛸、真蛸、太平洋褶柔鱼、柔鱼的活、鲜体。其他头足类水产品的活、鲜体可参照执行

（续表）

序号	标准编号	代替标准	标准名称	适用范围
32	NY 5327—2006		无公害食品　鲻科、鲹科、军曹鱼科海水鱼	适用于鲻鱼、鲅鱼、卵形鲳鲹、军曹鱼的活鱼和鲜鱼。其他同科海水鱼可参照执行
33	NY 5328—2006		无公害食品 海参	适用于海参纲中的刺参、绿刺参、花刺参、梅花参、白底辐肛参、糙海参的活体，其他品种海参可参照执行
34	NY 5329—2006		无公害食品 海捕鱼类	适用于野生捕获后未经加工处理的活、鲜海水鱼和仅去内脏而未做其他处理的鲜海水鱼

附录三　无公害农产品管理办法

经2002年1月30日国家认证认可监督管理委员会第7次主任办公会议审议通过的《无公害农产品管理办法》，业经2002年4月3日农业部第5次常务会议、2002年4月11日国家质量监督检验检疫总局第27次局长办公会议审议通过，现予发布，自发布之日起施行。

第一章　总　　则

第一条　为加强对无公害农产品的管理，维护消费者权益，提高农产品质量，保护农业生态环境，促进农业可持续发展，制定本办法。

第二条　本办法所称无公害农产品，是指产地环境、生产过程和产品质量符合国家有关标准和规范的要求，经认证合格获得认证证书并允许使用无公害农产品标志的未经加工或者初加工的食用农产品。

第三条　无公害农产品管理工作，由政府推动，并实行产地认定和产品认证的工作模式。

第四条　在中华人民共和国境内从事无公害农产品生产、产地认定、产品认证和监督管理等活动，适用本办法。

第五条　全国无公害农产品的管理及质量监督工作，由农业部门、国家质量监督检验检疫部门和国家认证认可监督管理委员会按照“三定”方案赋予的职责和国务院的有关规定，分工负责，共同做好工作。

第六条　各级农业行政主管部门和质量监督检验检疫部门应当在政策、资金、技术等方面扶持无公害农产品的发展，组织无公害农产品新技术的研究、开发和推广。

第七条　国家鼓励生产单位和个人申请无公害农产品产地认定和产品认证。

实施无公害农产品认证的产品范围由农业部、国家认证认可监督管理委员会共同确定、调整。

第八条　国家适时推行强制性无公害农产品认证制度。

第二章　产地条件与生产管理

第九条　无公害农产品产地应当符合下列条件：

（1）产地环境符合无公害农产品产地环境的标准要求；

（2）区域范围明确；

（3）具备一定的生产规模。

第十条　无公害农产品的生产管理应当符合下列条件：

（1）生产过程符合无公害农产品生产技术的标准要求；

（2）有相应的专业技术和管理人员；

（3）有完善的质量控制措施，并有完整的生产和销售记录档案。

第十一条　从事无公害农产品生产的单位或者个人，应当严格按规定使用农业投入品。禁止使用国家禁用、淘汰的农业投入品。

第十二条　无公害农产品产地应当树立标示牌，标明范围、产品品种、责任人。

第三章　产地认定

第十三条　省级农业行政主管部门根据本办法的规定负责组织实施本辖区内无公害农产品产地的认定工作。

第十四条 申请无公害农产品产地认定的单位或者个人（以下简称申请人），应当向县级农业行政主管部门提交书面申请，书面申请应当包括以下内容：

（1）申请人的姓名（名称）、地址、电话号码；

（2）产地的区域范围、生产规模；

（3）无公害农产品生产计划；

（4）产地环境说明；

（5）无公害农产品质量控制措施；

（6）有关专业技术和管理人员的资质证明材料；

（7）保证执行无公害农产品标准和规范的声明；

（8）其他有关材料。

第十五条 县级农业行政主管部门自收到申请之日起，在10个工作日内完成对申请材料的初审工作。

申请材料初审不符合要求的，应当书面通知申请人。

第十六条 申请材料初审符合要求的，县级农业行政主管部门应当逐级将推荐意见和有关材料上报省级农业行政主管部门。

第十七条 省级农业行政主管部门自收到推荐意见和有关材料之日起，在10个工作日内完成对有关材料的审核工作，符合要求的，组织有关人员对产地环境、区域范围、生产规模、质量控制措施、生产计划等进行现场检查。

现场检查不符合要求的，应当书面通知申请人。

第十八条 现场检查符合要求的，应当通知申请人委托具有资质资格的检测机构，对产地环境进行检测。

承担产地环境检测任务的机构，根据检测结果出具产地环境检测报告。

第十九条 省级农业行政主管部门对材料审核、现场检查和产地环境检测结果符合要求的，应当自收到现场检查报告和产地环境检测报告之日起，30个工作日内颁发无公害农产品产地认

定证书，并报农业部和国家认证认可监督管理委员会备案。

不符合要求的，应当书面通知申请人。

第二十条　无公害农产品产地认定证书有效期为3年。期满需要继续使用的，应当在有效期满90日前按照本办法规定的无公害农产品产地认定程序，重新办理。

第四章　无公害农产品认证

第二十一条　无公害农产品的认证机构，由国家认证认可监督管理委员会审批，并获得国家认证认可监督管理委员会授权的认可机构的资格认可后，方可从事无公害农产品认证活动。

第二十二条　申请无公害产品认证的单位或者个人（以下简称申请人），应当向认证机构提交书面申请，书面申请应当包括以下内容：

（1）申请人的姓名（名称）、地址、电话号码；

（2）产品品种、产地的区域范围和生产规模；

（3）无公害农产品生产计划；

（4）产地环境说明；

（5）无公害农产品质量控制措施；

（6）有关专业技术和管理人员的资质证明材料；

（7）保证执行无公害农产品标准和规范的声明；

（8）无公害农产品产地认定证书；

（9）生产过程记录档案；

（10）认证机构要求提交的其他材料。

第二十三条　认证机构自收到无公害农产品认证申请之日起，应当在15个工作日内完成对申请材料的审核。

材料审核不符合要求的，应当书面通知申请人。

第二十四条　符合要求的，认证机构可以根据需要派员对产地环境、区域范围、生产规模、质量控制措施、生产计划、标准和规范的执行情况等进行现场检查。

现场检查不符合要求的，应当书面通知申请人。

第二十五条 材料审核符合要求的、或者材料审核和现场检查符合要求的（限于需要对现场进行检查时），认证机构应当通知申请人委托具有资质资格的检测机构对产品进行检测。

承担产品检测任务的机构，根据检测结果出具产品检测报告。

第二十六条 认证机构对材料审核、现场检查（限于需要对现场进行检查时）和产品检测结果符合要求的，应当在自收到现场检查报告和产品检测报告之日起，30个工作日内颁发无公害农产品认证证书。

不符合要求的，应当书面通知申请人。

第二十七条 认证机构应当自颁发无公害农产品认证证书后30个工作日内，将其颁发的认证证书副本同时报农业部和国家认证认可监督管理委员会备案，由农业部和国家认证认可监督管理委员会公告。

第二十八条 无公害农产品认证证书有效期为3年。期满需要继续使用的，应当在有效期满90日前按照本办法规定的无公害农产品认证程序，重新办理。

在有效期内生产无公害农产品认证证书以外的产品品种的，应当向原无公害农产品认证机构办理认证证书的变更手续。

第二十九条 无公害农产品产地认定证书、产品认证证书格式由农业部、国家认证认可监督管理委员会规定。

第五章 标志管理

第三十条 农业部和国家认证认可监督管理委员会制定并发布《无公害农产品标志管理办法》。

第三十一条 无公害农产品标志应当在认证的品种、数量等

范围内使用。

第三十二条　获得无公害农产品认证证书的单位或者个人，可以在证书规定的产品、包装、标签、广告、说明书上使用无公害农产品标志。

第六章　监督管理

第三十三条　农业部、国家质量监督检验检疫总局、国家认证认可监督管理委员会和国务院有关部门根据职责分工依法组织对无公害农产品的生产、销售和无公害农产品标志使用等活动进行监督管理。

（1）查阅或者要求生产者、销售者提供有关材料；

（2）对无公害农产品产地认定工作进行监督；

（3）对无公害农产品认证机构的认证工作进行监督；

（4）对无公害农产品的检测机构的检测工作进行检查；

（5）对使用无公害农产品标志的产品进行检查、检验和鉴定；

（6）必要时对无公害农产品经营场所进行检查。

第三十四条　认证机构对获得认证的产品进行跟踪检查，受理有关的投诉、申诉工作。

第三十五条　任何单位和个人不得伪造、冒用、转让、买卖无公害农产品产地认定证书、产品认证证书和标志。

第七章　罚　　则

第三十六条　获得无公害农产品产地认定证书的单位或者个人违反本办法，有下列情形之一的，由省级农业行政主管部门予以警告，并责令限期改正；逾期未改正的，撤销其无公害农产品产地认定证书：

（1）无公害农产品产地被污染或者产地环境达不到标准要

求的；

（2）无公害农产品产地使用的农业投入品不符合无公害农产品相关标准要求的；

（3）擅自扩大无公害农产品产地范围的。

第三十七条 违反本办法第三十五条规定的，由县级以上农业行政主管部门和各地质量监督检验检疫部门根据各自的职责分工责令其停止，并可处以违法所得1倍以上3倍以下的罚款，但最高罚款不得超过3万元；没有违法所得的，可以处1万元以下的罚款。

第三十八条 获得无公害农产品认证并加贴标志的产品，经检查、检测、鉴定，不符合无公害农产品质量标准要求的，由县级以上农业行政主管部门或者各地质量监督检验检疫部门责令停止使用无公害农产品标志，由认证机构暂停或者撤销认证证书。

第三十九条 从事无公害农产品管理的工作人员滥用职权、徇私舞弊、玩忽职守的，由所在单位或者所在单位的上级行政主管部门给予行政处分；构成犯罪的，依法追究刑事责任。

第八章 附 则

第四十条 从事无公害农产品的产地认定的部门和产品认证的机构不得收取费用。

检测机构的检测、无公害农产品标志按国家规定收取费用。

第四十一条 本办法由农业部、国家质量监督检验检疫总局和国家认证认可监督管理委员会负责解释。

第四十二条 本办法自发布之日起施行。

附录四　农产品地理标志管理办法

《农产品地理标志管理办法》业经2007年12月6日农业部第15次常务会议审议通过，现予发布，自2008年2月1日起施行。

第一章　总　则

第一条　为规范农产品地理标志的使用，保证地理标志农产品的品质和特色，提升农产品市场竞争力，依据《中华人民共和国农业法》《中华人民共和国农产品质量安全法》相关规定，制定本办法。

第二条　本办法所称农产品是指来源于农业的初级产品，即在农业活动中获得的植物、动物、微生物及其产品。

本办法所称农产品地理标志，是指标示农产品来源于特定地域，产品品质和相关特征主要取决于自然生态环境和历史人文因素，并以地域名称冠名的特有农产品标志。

第三条　国家对农产品地理标志实行登记制度。经登记的农产品地理标志受法律保护。

第四条　农业部负责全国农产品地理标志的登记工作，农业部农产品质量安全中心负责农产品地理标志登记的审查和专家评审工作。

省级人民政府农业行政主管部门负责本行政区域内农产品地理标志登记申请的受理和初审工作。

农业部设立的农产品地理标志登记专家评审委员会，负责专家评审。农产品地理标志登记专家评审委员会由种植业、畜牧业、渔业和农产品质量安全等方面的专家组成。

第五条 农产品地理标志登记不收取费用。县级以上人民政府农业行政主管部门应当将农产品地理标志管理经费编入本部门年度预算。

第六条 县级以上地方人民政府农业行政主管部门应当将农产品地理标志保护和利用纳入本地区的农业和农村经济发展规划，并在政策、资金等方面予以支持。

国家鼓励社会力量参与推动地理标志农产品发展。

第二章 登 记

第七条 申请地理标志登记的农产品，应当符合下列条件：

（1）称谓由地理区域名称和农产品通用名称构成；

（2）产品有独特的品质特性或者特定的生产方式；

（3）产品品质和特色主要取决于独特的自然生态环境和人文历史因素；

（4）产品有限定的生产区域范围；

（5）产地环境、产品质量符合国家强制性技术规范要求。

第八条 农产品地理标志登记申请人为县级以上地方人民政府根据下列条件择优确定的农民专业合作经济组织、行业协会等组织。

（1）具有监督和管理农产品地理标志及其产品的能力；

（2）具有为地理标志农产品生产、加工、营销提供指导服务的能力；

（3）具有独立承担民事责任的能力。

第九条 符合农产品地理标志登记条件的申请人，可以向省级人民政府农业行政主管部门提出登记申请，并提交下列申请材料：

（1）登记申请书；

（2）申请人资质证明；

（3）产品典型特征特性描述和相应产品品质鉴定报告；

（4）产地环境条件、生产技术规范和产品质量安全技术规范；

（5）地域范围确定性文件和生产地域分布图；

（6）产品实物样品或者样品图片；

（7）其他必要的说明性或者证明性材料。

第十条　省级人民政府农业行政主管部门自受理农产品地理标志登记申请之日起，应当在45个工作日内完成申请材料的初审和现场核查，并提出初审意见。符合条件的，将申请材料和初审意见报送农业部农产品质量安全中心；不符合条件的，应当在提出初审意见之日起10个工作日内将相关意见和建议通知申请人。

第十一条　农业部农产品质量安全中心应当自收到申请材料和初审意见之日起20个工作日内，对申请材料进行审查，提出审查意见，并组织专家评审。

专家评审工作由农产品地理标志登记评审委员会承担。农产品地理标志登记专家评审委员会应当独立做出评审结论，并对评审结论负责。

第十二条　经专家评审通过的，由农业部农产品质量安全中心代表农业部对社会公示。

有关单位和个人有异议的，应当自公示截止日起20日内向农业部农产品质量安全中心提出。公示无异议的，由农业部做出登记决定并公告，颁发《中华人民共和国农产品地理标志登记证书》，公布登记产品相关技术规范和标准。

专家评审没有通过的，由农业部做出不予登记的决定，书面通知申请人，并说明理由。

第十三条 农产品地理标志登记证书长期有效。

有下列情形之一的，登记证书持有人应当按照规定程序提出变更申请：

（1）登记证书持有人或者法定代表人发生变化的；

（2）地域范围或者相应自然生态环境发生变化的。

第十四条 农产品地理标志实行公共标志与地域产品名称相结合的标注制度。公共标志基本图案见附图。农产品地理标志使用规范由农业部另行制定公布。

第三章 标志使用

第十五条 符合下列条件的单位和个人，可以向登记证书持有人申请使用农产品地理标志：

（1）生产经营的农产品产自登记确定的地域范围；

（2）已取得登记农产品相关的生产经营资质；

（3）能够严格按照规定的质量技术规范组织开展生产经营活动；

（4）具有地理标志农产品市场开发经营能力。

使用农产品地理标志，应当按照生产经营年度与登记证书持有人签订农产品地理标志使用协议，在协议中载明使用的数量、范围及相关的责任义务。

农产品地理标志登记证书持有人不得向农产品地理标志使用人收取使用费。

第十六条 农产品地理标志使用人享有以下权利：

（1）可以在产品及其包装上使用农产品地理标志；

（2）可以使用登记的农产品地理标志进行宣传和参加展览、展示及展销。

第十七条 农产品地理标志使用人应当履行以下义务：

（1）自觉接受登记证书持有人的监督检查；

（2）保证地理标志农产品的品质和信誉；

（3）正确规范地使用农产品地理标志。

第四章　监督管理

第十八条　县级以上人民政府农业行政主管部门应当加强农产品地理标志监督管理工作，定期对登记的地理标志农产品的地域范围、标志使用等进行监督检查。

登记的地理标志农产品或登记证书持有人不符合本办法第六条、第七条规定的，由农业部注销其地理标志登记证书并对外公告。

第十九条　地理标志农产品的生产经营者，应当建立质量控制追溯体系。农产品地理标志登记证书持有人和标志使用人，对地理标志农产品的质量和信誉负责。

第二十条　任何单位和个人不得伪造、冒用农产品地理标志和登记证书。

第二十一条　国家鼓励单位和个人对农产品地理标志进行社会监督。

第二十二条　从事农产品地理标志登记管理和监督检查的工作人员滥用职权、玩忽职守、徇私舞弊的，依法给予处分；涉嫌犯罪的，依法移送司法机关追究刑事责任。

第二十三条　违反本办法规定的，由县级以上人民政府农业行政主管部门依照《中华人民共和国农产品质量安全法》有关规定处罚。

第五章　附　则

第二十四条　农业部接受国外农产品地理标志在中华人民共和国的登记并给予保护，具体办法另行规定。

第二十五条　本办法自2008年2月1日起施行。

附录五　中华人民共和国农产品质量安全法

《中华人民共和国农产品质量安全法》已由中华人民共和国第十届全国人民代表大会常务委员会第二十一次会议于2006年4月29日通过，现予公布，自2006年11月1日起施行。

第一章　总　　则

第一条　为保障农产品质量安全，维护公众健康，促进农业和农村经济发展，制定本法。

第二条　本法所称农产品，是指来源于农业的初级产品，即在农业活动中获得的植物、动物、微生物及其产品。

本法所称农产品质量安全，是指农产品质量符合保障人的健康、安全的要求。

第三条　县级以上人民政府农业行政主管部门负责农产品质量安全的监督管理工作；县级以上人民政府有关部门按照职责分工，负责农产品质量安全的有关工作。

第四条　县级以上人民政府应当将农产品质量安全管理工作纳入本级国民经济和社会发展规划，并安排农产品质量安全经费，用于开展农产品质量安全工作。

第五条　县级以上地方人民政府统一领导、协调本行政区域内的农产品质量安全工作，并采取措施，建立健全农产品质量安全服务体系，提高农产品质量安全水平。

第六条　国务院农业行政主管部门应当设立由有关方面专家

组成的农产品质量安全风险评估专家委员会，对可能影响农产品质量安全的潜在危害进行风险分析和评估。

国务院农业行政主管部门应当根据农产品质量安全风险评估结果采取相应的管理措施，并将农产品质量安全风险评估结果及时通报国务院有关部门。

第七条　国务院农业行政主管部门和省、自治区、直辖市人民政府农业行政主管部门应当按照职责权限，发布有关农产品质量安全状况信息。

第八条　国家引导、推广农产品标准化生产，鼓励和支持生产优质农产品，禁止生产、销售不符合国家规定的农产品质量安全标准的农产品。

第九条　国家支持农产品质量安全科学技术研究，推行科学的质量安全管理方法，推广先进安全的生产技术。

第十条　各级人民政府及有关部门应当加强农产品质量安全知识的宣传，提高公众的农产品质量安全意识，引导农产品生产者、销售者加强质量安全管理，保障农产品消费安全。

第二章　农产品质量安全标准

第十一条　国家建立健全农产品质量安全标准体系。农产品质量安全标准是强制性的技术规范。

农产品质量安全标准的制定和发布，依照有关法律、行政法规的规定执行。

第十二条　制定农产品质量安全标准应当充分考虑农产品质量安全风险评估结果，并听取农产品生产者、销售者和消费者的意见，保障消费安全。

第十三条　农产品质量安全标准应当根据科学技术发展水平以及农产品质量安全的需要，及时修订。

第十四条　农产品质量安全标准由农业行政主管部门商有关

部门组织实施。

第三章　农产品产地

第十五条　县级以上地方人民政府农业行政主管部门按照保障农产品质量安全的要求，根据农产品品种特性和生产区域大气、土壤、水体中有毒有害物质状况等因素，认为不适宜特定农产品生产的，提出禁止生产的区域，报本级人民政府批准后公布。具体办法由国务院农业行政主管部门商国务院环境保护行政主管部门制定。

农产品禁止生产区域的调整，依照前款规定的程序办理。

第十六条　县级以上人民政府应当采取措施，加强农产品基地建设，改善农产品的生产条件。

县级以上人民政府农业行政主管部门应当采取措施，推进保障农产品质量安全的标准化生产综合示范区、示范农场、养殖小区和无规定动植物疫病区的建设。

第十七条　禁止在有毒有害物质超过规定标准的区域生产、捕捞、采集食用农产品和建立农产品生产基地。

第十八条　禁止违反法律、法规的规定向农产品产地排放或者倾倒废水、废气、固体废物或者其他有毒有害物质。

农业生产用水和用作肥料的固体废物，应当符合国家规定的标准。

第十九条　农产品生产者应当合理使用化肥、农药、兽药、农用薄膜等化工产品，防止对农产品产地造成污染。

第四章　农产品生产

第二十条　国务院农业行政主管部门和省、自治区、直辖市人民政府农业行政主管部门应当制定保障农产品质量安全的生产技术要求和操作规程。县级以上人民政府农业行政主管部门应当

加强对农产品生产的指导。

第二十一条　对可能影响农产品质量安全的农药、兽药、饲料和饲料添加剂、肥料、兽医器械，依照有关法律、行政法规的规定实行许可制度。

国务院农业行政主管部门和省、自治区、直辖市人民政府农业行政主管部门应当定期对可能危及农产品质量安全的农药、兽药、饲料和饲料添加剂、肥料等农业投入品进行监督抽查，并公布抽查结果。

第二十二条　县级以上人民政府农业行政主管部门应当加强对农业投入品使用的管理和指导，建立健全农业投入品的安全使用制度。

第二十三条　农业科研教育机构和农业技术推广机构应当加强对农产品生产者质量安全知识和技能的培训。

第二十四条　农产品生产企业和农民专业合作经济组织应当建立农产品生产记录，如实记载下列事项：

(1) 使用农业投入品的名称、来源、用法、用量和使用、停用的日期；

(2) 动物疫病、植物病虫草害的发生和防治情况；

(3) 收获、屠宰或者捕捞的日期。

农产品生产记录应当保存两年。禁止伪造农产品生产记录。

国家鼓励其他农产品生产者建立农产品生产记录。

第二十五条　农产品生产者应当按照法律、行政法规和国务院农业行政主管部门的规定，合理使用农业投入品，严格执行农业投入品使用安全间隔期或者休药期的规定，防止危及农产品质量安全。

禁止在农产品生产过程中使用国家明令禁止使用的农业投入品。

第二十六条　农产品生产企业和农民专业合作经济组织，应当自行或者委托检测机构对农产品质量安全状况进行检测；经检测不符合农产品质量安全标准的农产品，不得销售。

第二十七条 农民专业合作经济组织和农产品行业协会对其成员应当及时提供生产技术服务，建立农产品质量安全管理制度，健全农产品质量安全控制体系，加强自律管理。

第五章 农产品包装和标志

第二十八条 农产品生产企业、农民专业合作经济组织以及从事农产品收购的单位或者个人销售的农产品，按照规定应当包装或者附加标志的，须经包装或者附加标志后方可销售。包装物或者标志上应当按照规定标明产品的品名、产地、生产者、生产日期、保质期、产品质量等级等内容；使用添加剂的，还应当按照规定标明添加剂的名称。具体办法由国务院农业行政主管部门制定。

第二十九条 农产品在包装、保鲜、贮存、运输中所使用的保鲜剂、防腐剂、添加剂等材料，应当符合国家有关强制性的技术规范。

第三十条 属于农业转基因生物的农产品，应当按照农业转基因生物安全管理的有关规定进行标识。

第三十一条 依法需要实施检疫的动植物及其产品，应当附具检疫合格标志、检疫合格证明。

第三十二条 销售的农产品必须符合农产品质量安全标准，生产者可以申请使用无公害农产品标志。农产品质量符合国家规定的有关优质农产品标准的，生产者可以申请使用相应的农产品质量标志。

禁止冒用前款规定的农产品质量标志。

第六章　监督检查

第三十三条　有下列情形之一的农产品，不得销售：

（1）含有国家禁止使用的农药、兽药或者其他化学物质的；

（2）农药、兽药等化学物质残留或者含有的重金属等有毒有害物质不符合农产品质量安全标准的；

（3）含有的致病性寄生虫、微生物或者生物毒素不符合农产品质量安全标准的；

（4）使用的保鲜剂、防腐剂、添加剂等材料不符合国家有关强制性的技术规范的；

（5）其他不符合农产品质量安全标准的。

第三十四条　国家建立农产品质量安全监测制度。县级以上人民政府农业行政主管部门应当按照保障农产品质量安全的要求，制定并组织实施农产品质量安全监测计划，对生产中或者市场上销售的农产品进行监督抽查。监督抽查结果由国务院农业行政主管部门或者省、自治区、直辖市人民政府农业行政主管部门按照权限予以公布。

监督抽查检测应当委托符合本法第三十五条规定条件的农产品质量安全检测机构进行，不得向被抽查人收取费用，抽取的样品不得超过国务院农业行政主管部门规定的数量。上级农业行政主管部门监督抽查的农产品，下级农业行政主管部门不得另行重复抽查。

第三十五条　农产品质量安全检测应当充分利用现有的符合条件的检测机构。

从事农产品质量安全检测的机构，必须具备相应的检测条件和能力，由省级以上人民政府农业行政主管部门或者其授权的部门考核合格。具体办法由国务院农业行政主管部门制定。

农产品质量安全检测机构应当依法经计量认证合格。

第三十六条 农产品生产者、销售者对监督抽查检测结果有异议的，可以自收到检测结果之日起五日内，向组织实施农产品质量安全监督抽查的农业行政主管部门或者其上级农业行政主管部门申请复检。

采用国务院农业行政主管部门会同有关部门认定的快速检测方法进行农产品质量安全监督抽查检测，被抽查人对检测结果有异议的，可以自收到检测结果时起四小时内申请复检。复检不得采用快速检测方法。

因检测结果错误给当事人造成损害的，依法承担赔偿责任。

第三十七条 农产品批发市场应当设立或者委托农产品质量安全检测机构，对进场销售的农产品质量安全状况进行抽查检测；发现不符合农产品质量安全标准的，应当要求销售者立即停止销售，并向农业行政主管部门报告。

农产品销售企业对其销售的农产品，应当建立健全进货检查验收制度；经查验不符合农产品质量安全标准的，不得销售。

第三十八条 国家鼓励单位和个人对农产品质量安全进行社会监督。任何单位和个人都有权对违反本法的行为进行检举、揭发和控告。有关部门收到相关的检举、揭发和控告后，应当及时处理。

第三十九条 县级以上人民政府农业行政主管部门在农产品质量安全监督检查中，可以对生产、销售的农产品进行现场检查，调查了解农产品质量安全的有关情况，查阅、复制与农产品质量安全有关的记录和其他资料；对经检测不符合农产品质量安全标准的农产品，有权查封、扣押。

第四十条 发生农产品质量安全事故时，有关单位和个人应当采取控制措施，及时向所在地乡级人民政府和县级人民政府农业行政主管部门报告；收到报告的机关应当及时处理并报上一级人民政府和有关部门。发生重大农产品质量安全事故时，农业行

政主管部门应当及时通报同级食品药品监督管理部门。

第四十一条　县级以上人民政府农业行政主管部门在农产品质量安全监督管理中，发现有本法第三十三条所列情形之一的农产品，应当按照农产品质量安全责任追究制度的要求，查明责任人，依法予以处理或者提出处理建议。

第四十二条　进口的农产品必须按照国家规定的农产品质量安全标准进行检验；尚未制定有关农产品质量安全标准的，应当依法及时制定，未制定之前，可以参照国家有关部门指定的国外有关标准进行检验。

第七章　法律责任

第四十三条　农产品质量安全监督管理人员不依法履行监督职责，或者滥用职权的，依法给予行政处分。

第四十四条　农产品质量安全检测机构伪造检测结果的，责令改正，没收违法所得，并处 5 万元以上 10 万元以下罚款，对直接负责的主管人员和其他直接责任人员处 1 万元以上 5 万元以下罚款；情节严重的，撤销其检测资格；造成损害的，依法承担赔偿责任。

农产品质量安全检测机构出具检测结果不实，造成损害的，依法承担赔偿责任；造成重大损害的，并撤销其检测资格。

第四十五条　违反法律、法规规定，向农产品产地排放或者倾倒废水、废气、固体废物或者其他有毒有害物质的，依照有关环境保护法律、法规的规定处罚；造成损害的，依法承担赔偿责任。

第四十六条　使用农业投入品违反法律、行政法规和国务院农业行政主管部门的规定的，依照有关法律、行政法规的规定处罚。

第四十七条　农产品生产企业、农民专业合作经济组织未建立或者未按照规定保存农产品生产记录的，或者伪造农产品生产记录的，责令限期改正；逾期不改正的，可以处二千元以下罚款。

第四十八条 违反本法第二十八条规定，销售的农产品未按照规定进行包装、标志的，责令限期改正；逾期不改正的，可以处2 000元以下罚款。

第四十九条 有本法第三十三条第四项规定情形，使用的保鲜剂、防腐剂、添加剂等材料不符合国家有关强制性的技术规范的，责令停止销售，对被污染的农产品进行无害化处理，对不能进行无害化处理的予以监督销毁；没收违法所得，并处2 000元以上2万元以下罚款。

第五十条 农产品生产企业、农民专业合作经济组织销售的农产品有本法第三十三条第一项至第三项或者第五项所列情形之一的，责令停止销售，追回已经销售的农产品，对违法销售的农产品进行无害化处理或者予以监督销毁；没收违法所得，并处2 000元以上2万元以下罚款。

农产品销售企业销售的农产品有前款所列情形的，依照前款规定处理、处罚。

农产品批发市场中销售的农产品有第一款所列情形的，对违法销售的农产品依照第一款规定处理，对农产品销售者依照第一款规定处罚。

农产品批发市场违反本法第三十七条第一款规定的，责令改正，处2 000元以上2万元以下罚款。

第五十一条 违反本法第三十二条规定，冒用农产品质量标志的，责令改正，没收违法所得，并处2 000元以上2万元以下罚款。

第五十二条 本法第四十四条、第四十七条至第四十九条、第五十条第一款、第四款和第五十一条规定的处理、处罚，由县

级以上人民政府农业行政主管部门决定；第五十条第二款、第三款规定的处理、处罚，由工商行政管理部门决定。

法律对行政处罚及处罚机关有其他规定的，从其规定。但是，对同一违法行为不得重复处罚。

第五十三条　违反本法规定，构成犯罪的，依法追究刑事责任。

第五十四条　生产、销售本法第三十三条所列农产品，给消费者造成损害的，依法承担赔偿责任。

农产品批发市场中销售的农产品有前款规定情形的，消费者可以向农产品批发市场要求赔偿；属于生产者、销售者责任的，农产品批发市场有权追偿。消费者也可以直接向农产品生产者、销售者要求赔偿。

第八章　附　　则

第五十五条　生猪屠宰的管理按照国家有关规定执行。

第五十六条　本法自2006年11月1日起施行。